大型燃气－蒸汽联合循环机组
典型事故分析与防范

浙江大唐国际绍兴江滨热电有限责任公司　编

中国电力出版社
CHINA ELECTRIC POWER PRESS

内 容 提 要

本书着重介绍燃气-蒸汽联合循环机组在近年来发生的典型事故案例的事件经过、原因分析和防范措施。通过对事故案例的学习总结及举一反三，能有效地发现机组潜在的风险隐患，保障机组的稳定安全运行。全书共七章。第一章主要介绍9F和9E燃气轮机本体系统发生的事故案例；第二章介绍汽轮机系统的事故案例；第三章介绍发电机及电源系统的事故案例；第四章介绍余热锅炉系统的事故案例；第五章介绍天然气增压机系统的事故案例；第六、七章介绍热工控制、公用系统和人身伤亡事故的相关案例。

本书适用于从事大型燃气轮机及其联合循环电厂设计、调试、运行的技术人员、管理人员使用，可作为运行人员及相关生产人员培训教材，也可供高等院校热能及动力类专业师生参考。

图书在版编目（CIP）数据

大型燃气-蒸汽联合循环机组典型事故分析与防范/浙江大唐国际绍兴江滨热电有限责任公司编.—北京：中国电力出版社，2019.11

ISBN 978-7-5198-3930-7

Ⅰ.①大… Ⅱ.①浙… Ⅲ.①燃气－蒸汽联合循环发电－事故分析②燃气－蒸汽联合循环发电－事故预防 Ⅳ.①TM611.31

中国版本图书馆CIP数据核字（2019）第251036号

出版发行：中国电力出版社
地　　址：北京市东城区北京站西街19号（邮政编码100005）
网　　址：http://www.cepp.sgcc.com.cn
责任编辑：宋红梅
责任校对：黄　蓓　常燕昆
装帧设计：王红柳
责任印制：吴　迪

印　　刷：三河市万龙印装有限公司
版　　次：2019年12月第一版
印　　次：2019年12月北京第一次印刷
开　　本：787毫米×1092毫米　16开本
印　　张：6.75
字　　数：132千字
印　　数：0001—1500册
定　　价：40.00元

大型燃气－蒸汽联合循环机组
典型事故分析与防范

编写组

组　长　周宝柱

副组长　梁　芒　刘忠杰

成　员　郭　文　戈久增　刘洪成　彭　群
赵跃东　赵振新　门金成　刘艳阳
王成龙　路卫国　张必湧　程　晋
周灵宏　李世超　张宇超　琚　琪
吴　晋　张　博　许　彬　殷立国

前言

燃气-蒸汽联合循环机组具有供电效率高、污染排放少、启停灵活、自动化程度高、建设周期短等优点，切合高效环保的电力发展要求，近年来获得快速发展，具有广阔的发展空间。

浙江大唐国际绍兴江滨热电有限责任公司再运的 2 台 45.2 万 kW 9F 系列“一拖一”燃气-蒸汽联合循环机组是当时国内在役单轴单机容量最大的燃气轮机。2 台机组于 2013 年实现双投，投产当年即实现了“即投产、即稳定、即盈利、即达设计值”的“四即目标”。机组顺利投运以来，电厂同时高度重视对员工进行专业培训，以不断提高运行人员专业技术水平，并先后取得了大唐国际燃气轮机专业培训基地、华北电力大学燃气轮机教学实操培训基地、浙江省电力行业燃气轮机发电技术培训基地资质，专业培训实力不断增强。基于此，浙江大唐绍兴江滨热电有限责任公司组织运行骨干人员编写了《大型燃气-蒸汽联合循环机组典型事故分析与防范》。

本书着重介绍燃气-蒸汽联合循环机组在近年来发生的典型事故案例的事件经过、原因分析和防范措施。通过对事故案例的学习总结及举一反三，能有效地发现机组潜在的风险隐患，保障机组的稳定安全运行。全书共七章。第一章主要介绍 9F 和 9E 燃气轮机本体系统发生的事故案例；第二章介绍汽轮机系统的事故案例；第三章介绍发电机及电源系统的事故案例；第四章介绍余热锅炉系统的事故案例；第五章介绍天然气增压机系统的事故案例；第六、七章介绍热工控制、公用系统和人身伤亡事故的相关案例。

在本书的编写过程中，编者参阅了大量国内外的燃气事故案例分析报告、论文，参考了许多相关专业说明书和资料，甚至引用或介绍了其中部分的论述和观点，在此特致感谢。

由于作者水平有限，书中难免有不妥之处，敬请广大读者批评指正。

编　者

2019 年 5 月

目录

目录

目录

第四章　余热锅炉系统

第五章　天然气增压机系统

第六章　热工控制

目录

第七章　其他异常及事故

第一章

燃气轮机系统

第一节　9F燃气轮机典型事件

[案例1] 叶片通道温差大自动停机

一、事件经过

2006年8月3日，某厂M701F型机组1号燃气轮机按中调令于8：12启动，8：24点火，8：45并网；8：49负荷升至50MW时7号叶片通道温度与平均值偏差达到26.44℃，超过设计值25℃，时间超过30s，触发“BPT温度偏差大”，机组自动停机。

二、原因分析

（1）2005年11月调试期间曾出现7号叶片通道温度高现象，报警值由20℃调到23℃，自动停机值、跳闸值未做改动。其他叶片通道温度报警值维持20℃不变。

（2）由于设备厂家技术人员在对BPT（叶片通道温度）温差定值进行调整时，考虑不周，设定值偏低（自动停机BPT温差定值实际是25℃，定值最高可小于40℃），导致自动停机。

三、防范措施

（1）在控制系统中，修改燃气轮机负荷35～65MW阶段的1～20号BPT温差定值（尤其7号BPT在启动期间报警由原来的23℃提高到30℃，自动停机由原来的25℃提高到33℃，跳闸由原来的30℃提高到35℃）。

（2）其他19个BPT温差定值，在燃气轮机负荷35～65MW启动期间报警由原来的20℃提高到25℃，自动停机由原来的25℃提高到30℃，跳闸保持原来的35℃。

[案例2] 叶片通道温度趋势变化大自动停机

一、事件经过

2007年8月20日，1号机组启动并网后DCS上发“GT NO.3 BLADE PATH TEMP TREND CHANGE LARGE AUTO STOP”机组自动停机；18：00启动带负荷至20MW检查处理，未发现异常；但隐患仍然存在，需要进一步观察。

2008年6月28日，DCS上出现2号机组“GT No.9 BLADE PATH TEMP TREND CHANGE LARGE AUTO STOP”报警，机组自动停机，当时负荷52MW。

二、原因分析

这两次事件均在并网之后不久发生，设备厂家分析认为是由于并网时机组初始负荷太高所致。

三、防范措施

出现这种情况，运行人员一般无法处理。设备厂家分析认为，一般要求并网后，等待机组控制模式CSO（控制信号输出）由“GOVERNOR”（转速控制）切换至“LOAD LIMIT”（负荷控制），并且机组并网初始负荷降低至约20MW之后，再投入ALR ON，自动升负荷。

[案例3] 电动机风机故障停机处理

一、事件经过

2010年1月23日，某厂GE 9F机组“二拖一”运行，AGC（自动发电控制）投入，总负荷为650MW；1、2号燃气轮机负荷均为230MW，汽轮机负荷为190MW，供热量为1200GJ/h。14：00监盘人员发现1号燃气轮机MARKⅥ界面发报警（排气框架风机风压低），“EXH FRAME OR ♯2 BRG COOLING TRBL-UNLOAD（排气框架或2号轴承区冷却风机故障）”，立即派人就地检查该风机并点击MARKⅥ风机界面“2号LEAD”和主复位按钮，该风机仍无法启动。14：01分1号燃气轮机开始自动减负荷，运行人员手动退出AGC，降低热网负荷，机组维持低负荷运行。15：06负荷下降至3MW，调度通知停机；15：09，1号燃气轮机停机。

二、原因分析

运行人员检查发现1号燃气轮机88TK-2风机电动机停运，开关就地报“接地保护”动作。将电动机本体动力电缆接线拆开后，测量电动机本体绝缘，三相对地为0.1MΩ，手动盘电动机风扇可以盘动。拆出风机后，风机叶轮本体扇叶端部有不规则坑状损坏，电动机本体驱动端轴承小盖及挡油环明显过热且有缺损。

风机叶轮拆下后发现电动机本体驱动端轴承小盖及挡油环处明显损坏，将挡油环及甩油环拆下后，发现轴承保持架粉碎，滚珠过热变形，轴承外环与电动机大盖之间有摩擦，轴承内挡油环与转子轴明显摩擦，转子轴被内挡油环啃出环状沟道。电动机非驱动端未见任何异常。将转子抽出，发现定子端部有短路放电痕迹、端部线圈过热痕迹，定子铁芯有轻微扫膛现象，电动机非驱动端定子端部未见任何异常。如图1-1～图1-4所示。

图 1-1　轴承小盖及挡油环明显过热且有缺损

图 1-2　轴承保持架粉碎

图 1-3　转子轴被内挡油环啃出环状沟道

从故障现象看，电动机驱动端轴承因长期处于高温下工作，导致轴承油脂乳化后流失，轴承处于干涩状态下运行；因摩擦逐渐导致轴承区域明显过热，引发定子端部区域过热，绝缘老化降低，最终定子绕组匝间短路产生高温烧损；缺润滑脂是本次故障的直接原因。

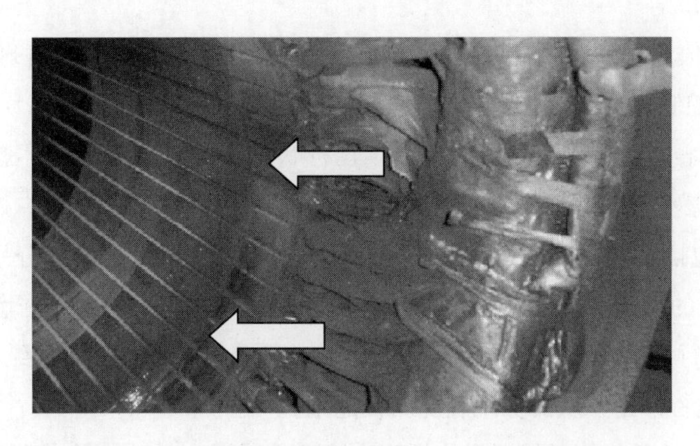

图 1-4　定子端部有短路放电痕迹，伴有轻微扫膛现象

三、防范措施

（1）加强设备缺陷管理，对失去备用的运行设备制定防范措施，加强检查，同时尽快修复被用设备，保证设备安全稳定运行。

（2）改造 88TK-2 风机电动机，将加、排油孔引至电动机外侧，加装轴承测温元件，上传到集控室监视。

（3）对同类型、同安装形式电动机进行普查，确认设备健康水平，对不能满足运行要求的电动机安排检修。

（4）利用小修时间对所有同类电动机进行解体检查，更换轴承，补充油脂。

（5）对同类型设备，做好备品备件工作，定期进行更换检修。

（6）加强设备管理，认真点检，及时消除缺陷，使备用设备处于良好备用状态。

[案例 4]　空滤压差大致使燃烧器压力波动大停机

一、事件经过

2010 年 3 月 14 日，某厂三菱 M701F 机组 1 号燃气轮机带供热运行，负荷为 365MW，9：56：57 由于雨雪天气，燃气轮机压气机入口空气滤网差压增大；10：08：07 发出“19 号燃烧器 HH2 频段压力波动越限”报警；10：08：11 发出“3、18 号燃烧器 HH2 频段加速度越限”报警；10：08：12 发出“燃烧器压力波动大降负荷”信号；10：08：13 又发出“1、2 号燃烧器 HH2 频段压力波动越限”报警；10：08：14 因燃烧器压力波动大跳闸保护动作停机。

二、原因分析

（1）根据三菱公司设计，其燃烧器是通过调整燃料流量和空气流量来控制燃烧状态。

其中扩散燃烧（值班喷嘴）与预混合燃烧（主喷嘴）的燃料比通过值班燃料控制信号（PLCSO）进行控制；进入燃烧器的空气量通过燃烧器旁路阀（BYCSO）进行控制。为了抑制燃烧振动增加，保持燃烧器最佳连续运行状态，三菱公司设计了燃烧振动自动调整系统，由自动燃烧调整系统（A-CPFM）和燃烧振动检测传感器组成。燃烧振动检测传感器共24个，包括安装于1～20号燃烧器的压力波动检测传感器和分别安装于3、8、13、18号燃烧器的加速度检测传感器。自动调整系统（A-CPFM）根据燃烧振动检测数据和燃气轮机运行参数，对燃烧器稳定运行区域进行分析，并根据分析结果自动对PLC-SO和BYCSO进行修正，从而实现燃烧调整优化。

（2）1号燃气轮机控制系统对燃烧器压力波动传感器和加速度传感器检测数据分为9个不同的频段进行分析，分别为LOW（15～40Hz）、MID（55～95Hz）、H1（95～170Hz）、H2（170～290Hz）、H3（290～500Hz）、HH1（500～2000Hz）、HH2（2000～2800Hz）、HH3（2800～3800Hz）、HH4（4000～4750Hz）。在不同频段针对燃烧器压力波动传感器和加速度传感器，分别设置了调整、预报警、降负荷、跳闸限值，其中，调整功能由A-CPFM系统完成；预报警、降负荷、跳闸功能由燃气轮机控制系统实现。当24个传感器中任意2个检测数值超过降负荷限值时，触发燃气轮机降负荷；当24个传感器中任意2个检测数值超过跳闸限值时，燃烧器压力波动大跳闸保护动作。此次燃气轮机跳闸即是由于1、2、19号压力波动传感器HH2频段检测数值均超过跳闸限值引起。

（3）根据三菱公司对燃气轮机跳闸前后运行数据进行分析，在燃烧器压力波动HH2频段数值出现越限报警时，H1频段数值也出现异常升高。此外，由于该天降雪天气的影响，压气机入口空气滤网差压在原有基础上出现异常增大，最高达1.6kPa。压气机入口空气滤网差压增大，进入燃气轮机的空气流量减少。在空气流量减少的情况下，燃气轮机运行区域非常接近燃烧器压力波动H1和HH2频段越限报警区域。该台燃气轮机日计划出力曲线于10：00从360MW升到370MW，由AGC自动控制。燃气轮机负荷上升燃料阀打开，此时要求进口空气量同时增大，以满足合适的燃空比；但由于压气机入口空气滤网差压大致使进入燃气轮机的空气流量减少，造成燃烧不稳定，引起燃烧振动。燃烧振动出现后燃气轮机控制系统A-CPFM已动作并进行调整。当振动值达到报警值时RUNBACK功能也启动，但是由于振动值升高太快，在调节系统的调节发挥调作用前，燃烧振动达到跳机值，导致燃气轮机因燃烧器压力波动越限跳闸。

（4）空气滤芯为纸质材料，纸纤维遇潮膨胀使得过滤器差压升高。遇雨雪天气（尤其是小雨雪），空气湿度大时空滤器差压升高，雨雪停止，空气湿度降低，差压会快速下降。

入口空气过滤器滤芯于2009年10月更换，进入冬季供热后机组长周期高负荷运行，空气滤芯差压上升较快。冬季大雾及雨雪天气较多，纸质空气滤芯处于恶劣运行工况下。机组在供热季必须连续运行，而空气滤芯又不能在机组运行中更换。针对空气滤芯差压升高现象，为保证机组连续高负荷运行，满足供热需求，开展了以下几个方面的工作：一是多次进行在线人工清理，清理后增加一层包面，减少灰尘进入空气滤芯；二是连续投入反吹系统，减少灰尘在滤芯上的积累；三是在空气进气口外侧搭设防雨雪棚，减少进入空气过滤器的雨雪量。

三、防范措施

（1）机组跳闸后，立即启动两台启动炉，一方面向热网系统供蒸汽，使热网系统能够低温运行；另一方面为燃气提供轴封蒸汽，维持凝汽器真空，为燃气轮机的随时启动做准备。

（2）在压气机空气入口原有单级滤网基础上，增加粗滤，以减小恶劣天气情况下对滤网差压的影响。

（3）重新进行燃烧调整。由于机组跳闸时（机组在高负荷工况），机组的自动燃烧控制系统已进行调节，调节参数已改变，因此，机组启动后需在高负荷段进行燃烧调整，重新对调节参数进行确认、优化，以保证燃烧稳定。

（4）对于雨雪天气情况下空气滤芯差压升高，而且不能在线更换滤芯，影响机组长周期连续运行的问题。与燃气轮机入口空气系统设计制造商进行技术交流，确定了技术方案，在进气系统的入口加装PE材质的初滤系统，这样能过滤大部分灰尘和雨雪，大量减少进入后面纸质空气滤芯的灰尘和雨雪，并可以在线进行水清洗。通过改造，一方面可以有效控制空气系统差压，确保机组安全运行；另一方面能极大延长空气滤芯的使用寿命，经济性较好。

[案例5] 伺服阀故障处理不当，燃烧器压力波动大跳机

一、事件经过

2010年12月4日晚，某厂三菱M701F机组正常运行并对外供热，热网抽汽调节阀出现控制指令与阀位反馈偏差较大的现象（最大16%），经分析认为伺服阀油门卡涩或油路堵塞，从而造成阀门无法动作到位。由于燃气轮机运行过程中无法更换伺服阀，现场采取调整执行器油缸弹簧和修改阀门最小开度逻辑限制，使热网抽汽调节阀控制指令与阀位反馈偏差的现象有所缓解，没有根本解决；若伺服阀异常情况恶化，则会导致热网抽汽调节阀无法朝关闭方向继续动作，热网抽汽流量也无法增加，进而影响燃气轮机和热网系统正常运行。为解决这一问题，通过和阀门厂技术人员进行讨论后，确认热网抽汽调节阀电控部分PLC的控制逻辑为阀门的控制指令和反馈在PLC内部进行偏差比较并放大后，输出驱动伺服阀动作；通过修改PLC逻辑增大PLC输出，在目前控制指令和阀

位反馈存在偏差的情况下，可以增加阀门进油量，进而使阀门可以继续跟随指令进一步关小，从而达到缩小指令和反馈偏差的目的。

阀门厂技术人员对PLC逻辑修改方案讨论后，决定通过修改PLC内部伺服逻辑中的比例放大系数来增加PLC的输出电压，通过在线进行修改。12月9日17：00燃气轮机带负荷350MW，抽汽量约为117t/h，机组AGC投入。18：18热网抽汽降至80t/h。因热工人员无法完成在线下载，运行值班人员将热网抽汽降至50t/h，并按热工人员要求将热网抽汽调节阀解列为手动调整。在热网抽汽流量降低至50t/h并与运行人员共同确认安全措施都已做到位后，于19：03：14开始进行PLC逻辑修改离线下载，19：03：24离线下载完成，随后热网抽汽调节阀动作出现大幅波动，导致热网抽汽量和中压缸排汽压力也出现较大波动。19：03：41发出“中压缸排汽压力高”报警；19：04：08发出“中压缸排汽压力低”报警；19：04：50陆续发出“2、3、7、8号燃烧器H1频段压力波动越限”预报警和报警；19：04：51触发“燃烧器压力波动大降负荷”信号；19：04：54 1号燃气轮机因燃烧器压力波动大跳闸保护动作，1号燃气轮机跳机。

二、原因分析

通过对燃气轮机停机前后趋势分析，19：03：14开始进行离线下载，此时控制指令为28.31%，阀位反馈为35.7%；19：03：24离线下载完成，此时阀位反馈为39.91%，此后阀门开始关闭，最低关至14.06%，此过程中运行人员手动开启阀门，指令最大至50%，但是阀门并没有跟随指令开启，而是继续朝关方向动作，约20s后，阀门迅速开启，最高开至70%；而在此过程中运行人员手动关闭阀门，阀门依然没有跟随指令关闭，而是继续朝开的方向动作，约40s后又迅速关闭，最低关至11%。由于热网抽汽调节阀动作出现大幅波动，造成热网抽汽流量和中压缸排汽压力的波动，进而引起汽轮机负荷和燃气轮机负荷计算值的波动；燃气轮机负荷计算值的波动造成IGV阀门动作，进而影响燃气轮机燃料进气量的变化，在燃料量未发生明显变化的情况下（由于此时机组负荷指令未发生变化，因此燃料阀门的动作未发生明显变化），造成1号燃气轮机由于燃烧振动引起燃烧器压力波动大，跳闸保护动作，机组跳闸。

通过检查，分析认为本次机组跳闸的原因如下：

（1）经检查发现伺服阀油路存在堵塞现象，造成伺服阀阀芯动作卡涩，在控制指令变化后，伺服阀不能准确动作到位；表现为当运行人员手动操作阀门时，阀门没有迅速跟随控制指令动作，直到控制指令和阀位反馈偏差到一定程度时，伺服阀阀芯才能动作，造成阀门迅速开启和关闭，从而引起阀门动作出现大幅波动。

（2）厂家对PLC逻辑中阀门参数的调整增强了PLC的输出作用，造成在离线下载完毕后，阀门向关方向运动较大，已经影响到中压缸排汽压力，同时由于伺服阀阀芯动作卡涩，从而引起阀门动作出现大幅波动。

（3）在逻辑下载前，厂家提供的上位机组态软件信息与下载后实际情况相差较大，是造成本次事件发生的原因之一。

三、防范措施

（1）进行控制系统逻辑修改、下载的工作时，一定要对下载的风险进行仔细全面的评估，必须对修改后可能造成的问题进行充分讨论，通过技术手段将危险因素闭锁。

（2）热网抽汽调节阀作为冬季供热中的重要设备，出现故障时在燃气轮机运行过程中无法在线更换；可通过在控制油系统加装隔离阀门实现；在热网停运后对热网抽汽调节阀油缸进行冲洗，确保伺服阀工作油质的可靠。

[案例 6] 人为误动停机

一、事件经过

2010 年 5 月 11 日，某厂 GE 9FA 型机组 2、3 号机组纯凝工况运行，总负荷为 366MW，2 号燃气轮机负荷为 244MW，3 号汽轮机负荷为 122MW；1 号燃气轮机停运。20∶35，2 号燃气轮机做完燃烧调整试验，进入 baseload（基本负荷）开始性能试验。20∶50，运行人员做停运的 1 号燃气轮机 PM4 清吹阀传动试验。20∶53，得到运行值长许可后，进入工程师站，误将运行中的 2 号燃气轮机 PM4 清吹阀作了传动试验。20∶54，2 号燃气轮机 PM4 清吹阀故障报警，保护动作跳 2 号燃气轮机，联跳 3 号汽轮机。

二、原因分析

（1）热工人员未履行工作票程序，无工作内容、操作和安全措施纪录，未进行危险点分析，工作疏忽，误将运行中的 2 号燃气轮机 PM4 清吹阀关闭，2 号燃气轮机 PM4 清吹阀故障报警，保护动作跳 2 号燃气轮机，联跳 3 号汽轮机，是本次故障的主要原因。

（2）热工专业管理松懈，未严格工程师站管理制度，检修人员在无监护的情况下单人操作，是本次故障的管理原因。

三、防范措施

（1）严格执行各项安全生产管理制度，各部门负责人加强对生产人员执行安全生产管理制度的管理、检查和考核。

（2）加强安全教育，提高责任心，认真监盘，精心操作。

（3）严格执行《电子间、工程师站管理制度》和《生产现场计算机使用和管理制度》，操作时双人进行，一人操作，一人监护。同时，对电气 PC 间、电子间、GIS 间、继电保护间加强出入管理，严格执行出入登记制度。

（4）生产人员值班时要保持良好的精神状态，操作时精神要高度集中。

（5）开展反习惯性违章的学习活动，督促各部门严格执行公司安全生产制度。

［案例7］燃气轮机燃烧不稳停机

一、事件经过

2010年5月13日00：50，某厂GE 9FA机组1、2号燃气轮机拖3号汽轮机以“二拖一”方式运行，1号燃气轮机负荷为110MW，2号燃气轮机负荷为195MW，3号汽轮机负荷为200MW，总负荷为505MW。00：51，按调度曲线将总负荷降至450MW，运行人员将1号燃气轮机负荷降至90MW，根据燃气轮机特点，1号燃气轮机燃烧模式自动由预混燃烧模式（PM1＋PM4喷嘴运行）切至亚先导模式（PM1＋PM4＋D5喷嘴运行）。00：52，1号燃气轮机报“High exhaust temperature spread trip”（排气分散度高跳闸），1号燃气轮机灭火，发电机解列，2、3号机组继续以“一拖一”方式运行正常。

二、原因分析

通过对1号燃气轮机跳闸信号和机组当前运行状态的分析，认为此次机组跳闸事故的原因是由于1号燃气轮机在降负荷过程中，由于自身特性当运行负荷低于90MW时，燃烧模式自动切换，由预混模式进入亚先导预混燃烧模式后，由于2、3号燃烧筒（总共18个燃烧筒）在燃烧切换后未能够有效稳燃，导致2、3号燃烧筒灭火，致使在燃烧模式切换完成后燃气轮机排气温度在15、16、17、18、19号5个测点不升反降（900～1100℉），相比于其他26支排气温度（1200～1300℉）较低，最终满足跳闸条件（最高排气温差TTXSPL 268.492℉大于允许排气温差TTXSPL 268.155℉，延时2s跳闸）导致1号燃气轮机因排气分散度高而保护动作跳闸。

厂家技术人员通过其燃烧专家远程检查分析，确认了上述机组跳闸原因，并有针对性地提出了机组现场检查的项目和要求，具体检查项目如下：

（1）检查16～19号排气热电偶状态。

（2）检查1、2、3、4号联焰管是否泄漏。

（3）检查燃气轮机清吹阀，燃烧调整阀动作情况，重新进行逻辑传动。

按照要求检查后均未发现异常，再次联系厂家技术人员，经对方技术人员再次确认和分析后，确认其之前燃烧调整的定值在燃烧切换过程中存在部分参数配比不合理的问题，需要对机组重新进行燃烧切换点的燃烧调整工作，5月14日，1号机组启动并网后在燃烧模式切换点进行两次切换试验，切换正常。

虽然1号燃气轮机再次启动并燃烧模式切换正常，为了确保安全经济运行，采集了近期1号燃气轮机模式切换和5月13日1号燃气轮机故障跳机时模式切换的报警、参数、趋势图，联系GE要求给出5月13日2、3号燃烧筒灭火的具体原因。

三、防范措施

（1）要求厂家提供正式工作方案和安全措施。

（2）热工人员需尽快熟悉燃气轮机燃烧调整的技术问题。

（3）加强部门专业人员对设备结构、性能和维护的培训。

[案例8] 燃气轮机伺服阀故障停机

一、事件经过

2010年7月4日，某厂GE 9FA机组“二拖一”纯凝工况运行，AGC投入，总负荷580MW，其中1号燃气轮机负荷为180MW，2号燃气轮机负荷为180MW，3号汽轮机负荷为220MW。2号燃气轮机速比阀前压力 p_1：32.07kg/cm^2，p_2：29.83kg/cm^2（1kg/cm^2=9.8×10^{4}Pa），IGV开度51%。14：18，2号燃气轮机跳闸，跳闸首出原因为EXHAUST OVER TEMPERATURE TRIP（排气温度高跳闸）。

2号燃气轮机跳闸后，运行人员按照正常操作程序进行停机操作，1、3号机组维持稳定运行，1号燃气轮机负荷为170MW，3号汽轮机负荷为99MW，总负荷为269MW。

二、原因分析

检查历史曲线发现，14：18：08，燃气轮机平均排气温度到达1240.44℉，超过保护动作值1240℉，保护动作正确。从历史趋势分析，14：18：05，2号燃气轮机IGV导叶在指令未变化情况下关小，此时IGV指令增大，指令与反馈偏差不断增大，平均排气温度迅速上升；14：18：08，IGV指令为74%，IGV反馈为57%，排气温度越过跳闸值，机组跳闸。从以上过程来看，IGV阀的失控是导致排气温度上升的直接原因。从IGV伺服阀电流曲线发现，14：17：44，IGV伺服阀电流开始异常波动，至18：05，伺服阀电流失去。初步认为燃气轮机压气机进口可变导叶伺服阀故障引起IGV开度减小，燃气轮机压气机进风量减少，导致燃气轮机排气温度高，超过设定值，因而燃气轮机跳闸。

事故跳闸曲线如图1-5所示。

设备厂家项目代表认为IGV控制伺服阀存在故障。对IGV控制伺服阀卡件及电缆进行检查，无异常。进行IGV控制伺服阀传动试验，IGV伺服阀电流仍有波动。曲线见图1-6。

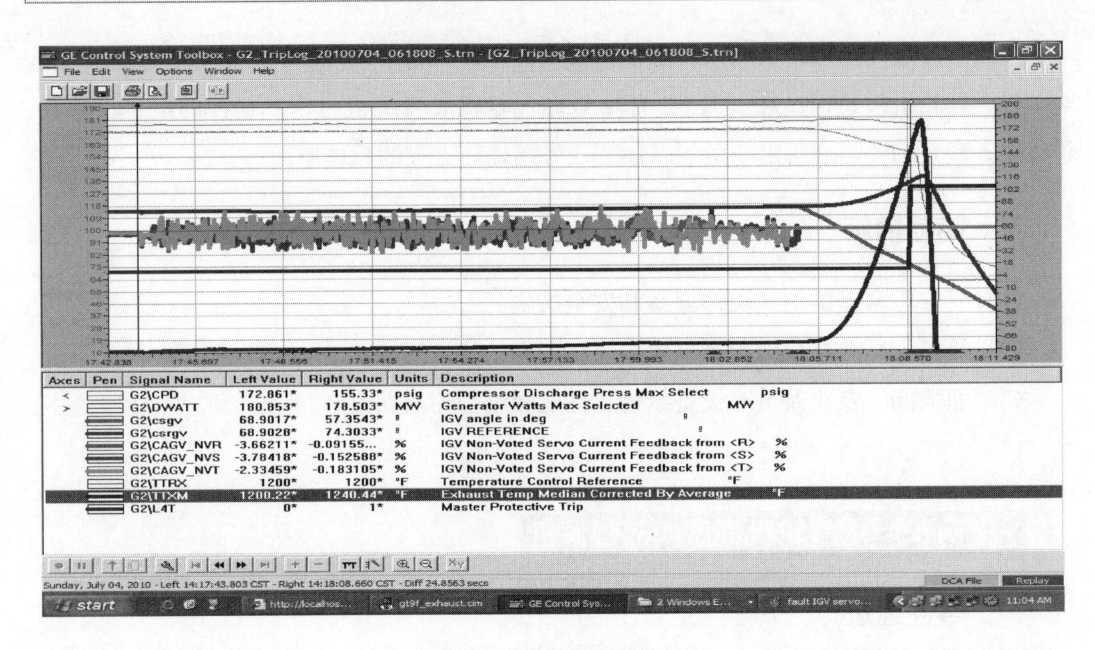

图 1-5　事故跳闸曲线

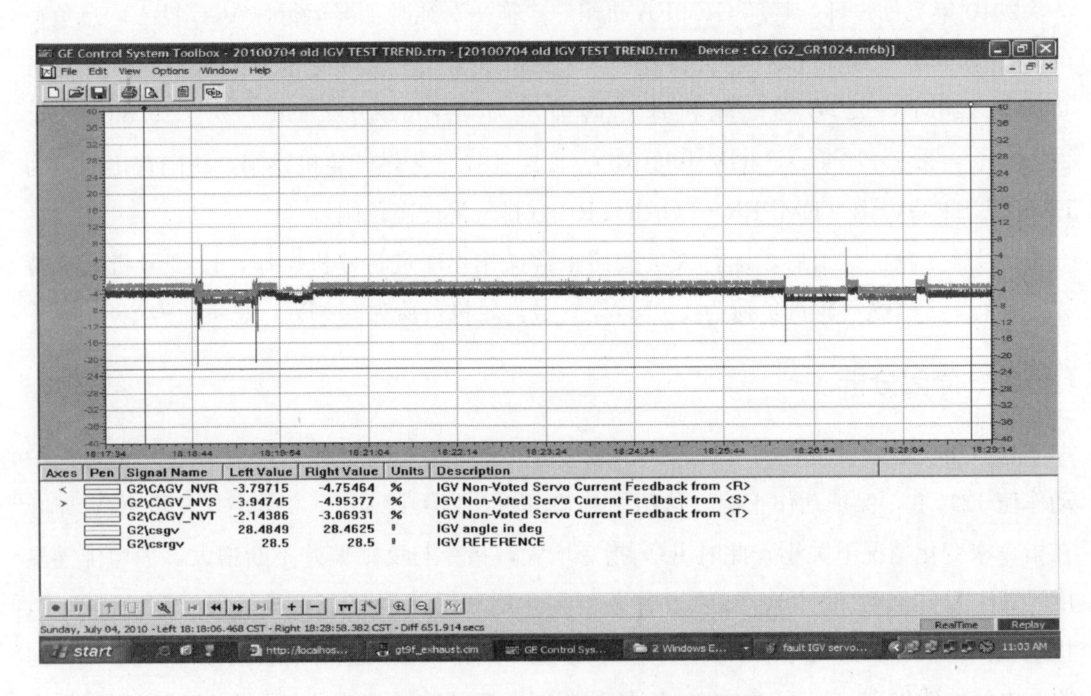

图 1-6　跳闸后 IGV 伺服阀传动电流曲线

20：50，更换 IGV 控制伺服阀；21：00，IGV 控制伺服阀传动试验正常（见图 1-7）。23：46，机组启动，IGV 工作正常；0：56，机组并网。

通过与伺服阀制造商沟通，结合已采集到的数据信息进行分析，伺服阀控制失灵可能的原因主要如下：

（1）伺服阀阀体内喷嘴或节流孔堵塞，导致控制油油路不通，伺服阀控制失灵。

（2）伺服阀阀球或阀芯阀套磨损量偏大，引起伺服阀偏置电流波动，伺服阀控制失灵。

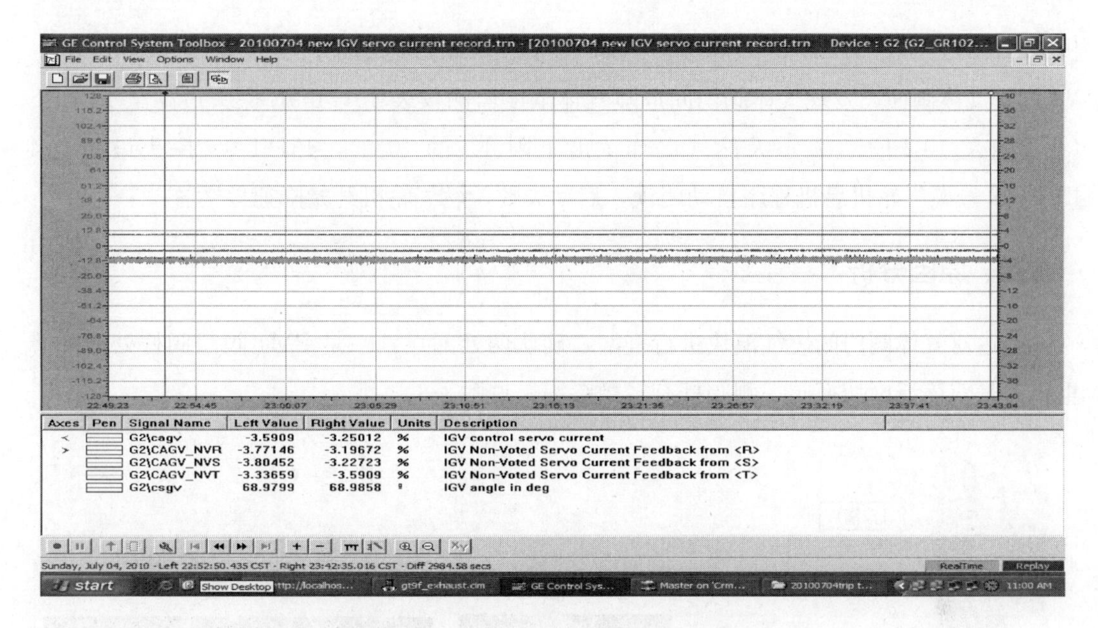

图 1-7 更换 IGV 伺服阀后传动电流曲线

针对以上情况，检查了最近几个月 2 号燃气轮机润滑油的油务监督报表，报表显示在此期间，燃气轮机润滑油的油质始终合格。另外，燃气轮机控制油取自润滑油供油母管，经过液压油泵加压后供给各液压控制阀，在液压油泵出口和各液压控制阀供油管上均配置有高精度过滤器，即供给伺服阀的液压油油质优于油务监督的结果，满足伺服阀对油质的要求。

按照伺服阀制造商的要求，每两年应进行定期清洗、检测。截止到事故前，此次故障的伺服阀投入运行 1 年，未到定期清洗检测期。伺服阀于 2010 年 7 月 5 日送回制造厂家检测，结果为内部磨损，属偶发故障。

三、防范措施

（1）严格按照伺服阀制造商建议，定期清洗检测，保证伺服阀良好的工作性能。

（2）充分调研并吸取同类型燃气轮机电厂在伺服阀检修方面的经验，将伺服阀的检修纳入燃气轮机小修的标准项目。

（3）深入学习并掌握伺服阀的工作原理和结构，提高原因分析和解决问题的能力。

（4）保证伺服阀备件合理的库存数量，将关键设备的伺服阀备件作为事故备件储存。

（5）做好滤油工作和油务监督，防止油质恶化。

[案例 9] 天然气泄漏停机处理

一、事件经过

2011 年 7 月 5 日 04：40，某厂 GE 9FA 机组 2 号燃气轮机启动清吹过程中，燃气轮机 MARK-VI 发“HAZ GAS MONITOR RACK 3LEVEL HIGH”报警，查看 MARK-VI 危险气体画面，发现气体阀门间危险气体浓度监测仪表 45HT-9B 探头最高至 10 LEL（报警值是 10 LEL，表示天然气爆炸浓度下限 4％的 10％），45HT-9C 探头最高至 4 LEL，2 号燃气轮机启机程序自动闭锁，启动失败，燃气轮机开始降速停运。

二、原因分析

经过对气体阀门间燃气模块进行查漏，确认两处漏点：一是 PM4 阀门阀杆处泄漏严重；二是双筒滤网切换阀一侧阀杆有轻微渗漏，见图 1-8。

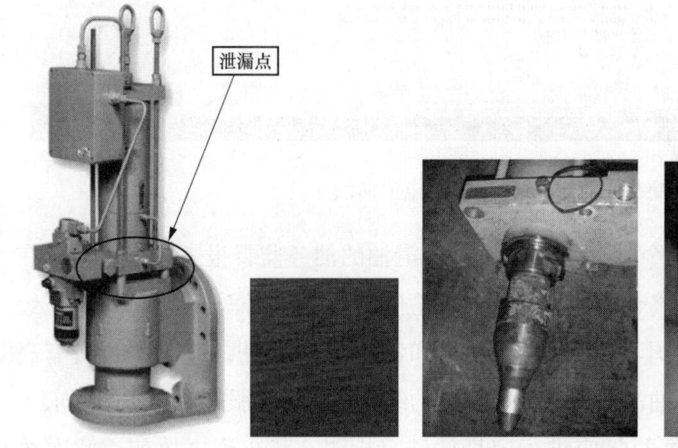

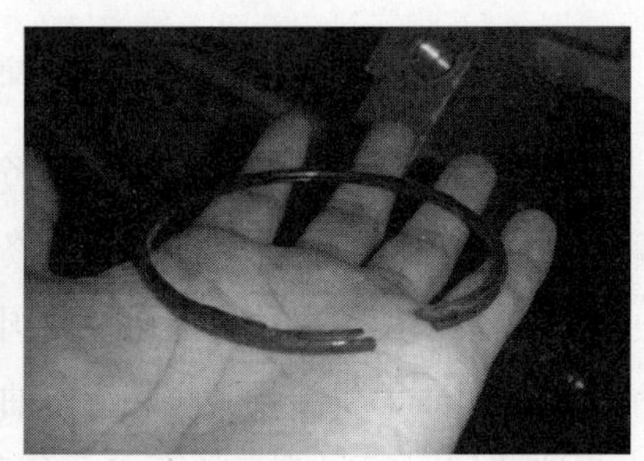

图 1-8　天然气泄漏点

经过对 PM4 阀门进行解体发现，该阀门的阀杆密封（O 形圈）破裂，导致天然气泄漏。主要有以下几个方面的原因：

（1）从解体拆除的 O 形圈破裂情况看，属于 O 形圈材料缺陷。该 O 形圈无法很好地适应天然气冷热温度变化带来的塑性变形，从而破裂，导致天然气泄漏。

（2）该阀门在阀杆处的密封结构设计不合理：

1）机组运行期间，天然气温度高达 185℃。

2）设备厂家设计燃气轮机本体外壳无保温层，机组运行期间，透平罩壳内的局部温度高约 120℃。

3）燃气模块与透平罩壳相通。

以上 3 点会引起燃气模块内部温度偏高，即燃气控制阀的运行环境很差，如此工况下，燃气控制阀阀杆密封采用的单 O 形圈极易因塑性变形导致密封失效。

三、防范措施

（1）请专业机构对损坏密封圈进行检查分析，确定其材质、质量适用性，必要情况下联系原厂家对密封材料进行升级。

（2）燃气轮机燃气小间在机组停备时系统不带压，无法进行天然气查漏；考虑在每次机组启动前一天，联系热工专业强制开辅助关断阀，对燃气模块内的管道系统进行充压查漏，确保发现问题及时处理，并将其作为今后机组启动前的定期工作执行。

（3）组织与设备制造厂家就事故原因进行讨论，制定有针对性的技术改造方案，并对库存的阀门进行改造；待停机检修过程中，分别对在装的两套燃气控制阀进行相应改造。

[案例 10] 机组提前进入 BPT 温控

一、事件经过

2009 年 6 月 7 日，某厂三菱 M701F 机组 2 号机由 300MW 向 330MW 升负荷过程中，当负荷升至 306MW 时，2 号机即进入 BPT 温控，整个升负荷过程缓慢耗时 11min，而正常仅需不到 3min。

2010 年 2 月 24 日 15：09，2 号机组由 300MW 升至 350MW 过程中，机组提前进入 BPT 温控，升负荷速率降低，15：21，进入 EXT（排烟温度）温控，最高负荷仅为 325MW。

2010 年 11 月 24 日 10：24，当时大气温度为 27.70℃，3 号机升负荷至 320MW 时，燃气轮机提前进入 BPT 控制，升负荷速度减慢。

二、原因分析

随着机组运行时间变久，机组性能发生变化，3 台机先后数次出现提前进入 BPT 温控的问题。另外，冬天和夏天大气温度变化较大，燃气轮机燃烧不能适应大气温度变化也导致提前进入温控。

三、防范措施

一般的解决办法是进行压气机水洗以及重新进行燃烧调整。从实施效果看，水洗效果不是很明显，重新进行燃烧调整效果较好；但是季节变化后又会再次出现提前进入 BPT 温控问题，讨论准备将大气温度变化放进 IGV 控制模块，使燃烧控制适应温度变化的需要。

[案例 11] 机组天然气调压段 SSV（安全切断阀）故障关闭

一、事件经过

2008 年 4 月 15 日 17：07，某燃气轮机电厂 3 号机运行过程中，3 号机调压段 SSV 阀故障跳开，天然气自动切换到备用调压旁路供。现场检查发现 SSV 阀已关闭，且阀体大量漏气，立即拉隔离带隔离漏气区域，并将 3 号机调压路隔离并泄压，关闭备用路至 2 号机调压路球阀，交检修处理。

二、原因分析

经检查分析，认为 SSV 阀指挥器阀口垫老化，导致指挥器故障。

三、防范措施

更换 3 台机组调压段 SSV 阀的指挥器。出现此类事故时，应做好机组调压段跳闸、备用调压段不能正常投运的事故预想。如果有机组在停运状态，则关闭备用调压段至停运机组调压段的球阀。如果机组调压段无天然气外漏、阀门损坏等异常情况，只是 SSV 阀误动作，可以考虑恢复机组调压段。

[案例 12] 主燃料流量控制阀前后压差频繁波动

一、事件经过

2010 年 11 月 30 日 13：00，某燃气轮机电厂 3 号机组正常运行，负荷稳定，主燃料流量控制阀前后压差在 0.388～0.395MPa 之间频繁快速波动，主燃料压力控制阀 A 指令及现场实际位置也在小范围内频繁变化，导致机组负荷有约 1MW 的波动。

二、原因分析

经检查分析，故障原因为机组主燃料流量控制阀压差变送器、主燃料流量控制阀及压力控制阀 A 存在问题。

三、防范措施

热工人员进行了主压差控制阀拆卸校验，发现主燃料流量控制阀静态、动态调试参数正常，阀门也未发现卡涩现象。后经检查发现前后压差变送器阻尼值进行过调整。通过将压差变送器阻尼值恢复原状后，前后压差显示正常。

[案例 13] 机组轴承振动大

一、事件经过

2009 年 1 月 21 日，某厂三菱 M701F 型机组正常运行期间 2 号机组 2 号轴承振动开始略有增大，1 月 23 日晚上检修停机时，X 向振动最大至 87μm，2 号轴承 Y 向振动最大至 88μm，而之前该值皆为 50μm 左右；其他轴承振动皆低于 60μm。2 月 7 日，2 号机组 3000r/min 空载时，2 号轴承轴振动 X、Y 向振动值均达 120μm(随转速逐渐升高)，06：08，手动停机。后经设备厂家工作人员检查分析，告知是压气机转子第三级有裂痕，需停机检修，更换转子。

二、原因分析

燃气轮机的压气机转子设计存在问题，运行中产生裂纹，导致振动大。机组过一、二阶临界转速的时候，振动也会增大。

三、防范措施

出现此类事件时，应该严密监视机组蒸汽参数、真空、差胀、轴向位移、汽缸金属温度是否变化，润滑油压、油温，轴承金属温度是否正常。机组突然发生强烈振动或清楚听出机内有金属摩擦声时，应立即打闸停机。

[案例 14] 进口导叶 IGV 和旁路阀控制偏差大

一、事件经过

2010 年 5 月 15 日 06：27，某厂三菱 M701F 型机组 3 号机并网时，控制油供油压力瞬间降至 8.64MPa，备用泵联锁启动，控制油压力恢复正常 11.63MPa，就地检查无异常；06：29，3 号机组发出“GT COMB BY. V SERVO MODULE DEVI”报警，机组跳闸（当时机组出力 37MW）。经检查，控制油系统无异常。初步分析可能为控制油杂质影响旁路阀动作，造成旁路阀指令值与实际阀位偏差过大，超过跳机值，导致机组跳机；检查确认控制油系统及燃烧器旁路阀正常后，3 号机重新启机，运行正常。

2010 年 5 月 25 日，3 号机启动时 DCS 发出 IGV 和燃烧旁路阀控制偏差大报警（26 日启动时出现 IGV 控制偏差大报警），而后立即复归，表明控制油系统仍然存在隐患，需进一步查找原因并彻底消除缺陷。

二、原因分析

这两次事件都是因为控制油系统存在杂质造成。原因是控制油再生回路硅藻土过滤器过滤效果不好，而且长期运行硅藻土本身也会产生杂质。

三、防范措施

（1）增加控制油再生装置，更换原来的硅藻土过滤器滤芯。

（2）机组运行时，将IGV和旁路阀设定值和实际值偏差大于5%直接跳机的逻辑进行修改，更改为设定值和实际值偏差大于3%时机组报警。出现报警时，如果报警未复归，应暂停升负荷，避免偏差进一步加大导致跳机。

［案例15］机组停机过程模式切换时分散度大跳闸

一、事件经过

某GE 9F型机组3号机正常运行准备停机，22：58，值长令停3号机，预选负荷为250MW；22：58：48，机组负荷为258MW，TTRFI（燃烧基准温度）＝2252。MKVI报COMBUSTION TROUBLE G3/L30SPA。HIGH EXHAUST TEMPERATURE SPREAD TRIP G3/L30SPT，机组跳闸，第一分散度为352℃，第二分散度为333℃，第三分散度为330℃，20～28号热电偶出现低温区。

二、原因分析

经查为PM4清吹阀VA13-6内漏，3号机组燃烧系统脆弱，出现LBO熄火现象。

三、防范措施

（1）在机组停运期间更换PM4清吹阀VA13-6，并定期活动清吹阀。在未查出具体原因时，临时抬高燃烧切换点温度，确保机组正常启停。

（2）联系设备厂家，进行季节性燃烧调整。

［案例16］机组启动过程因天然气温度低负荷迫降

一、事件经过

某厂为三菱M701F型机组，在机组启动过程中，06：44，机组清吹阶段手动启动中压给水泵，投入性能加热器，进水及出水阀开启。但进、出口通风阀均未正常关闭，性能加热器未正常投入，温控阀一直处于全关状态。由于性能加热器原有的蓄热以及少量的中压给水经过性能加热器从出水管通风阀直接排向废液池，天然气温度维持在150℃左右。06：53，4号燃气轮机点火成功；07：02，机组并网；07：27，随着机组负荷增加，天然气流量增大后，天然气温度开始下降；07：38，4号机组天然气温度下降到141℃，进行燃烧模式切换（此时，DCS修正韦伯指数会发出超限报警）。07：41，4号机组负荷为266MW，因韦伯指数低触发燃气轮机RUNBACK条件，机组负荷迫降到158MW，负荷最低达到125MW。07：42，手动开启温控阀到55%；07：44，手动关闭进出水通风阀。天然气温度从129℃开始回升，07：52，4号机组天然气温度达172℃，燃烧模式切换正常。

二、原因分析

在机组启动过程中，采取手动投入性能加热器方式，但未能及时检查出设备运行状态。在燃烧模式切换前，未能注意到重要监视参数值（天然气温度）及相关DCS重要报警。

三、防范措施

加强对重要参数进行监视，及时发现异常情况并制定防范措施。启停过程中应重点确认各辅机系统的正确投运或退出；严肃“两票三制”的执行。

[案例17] 燃气轮机压气机损坏事故

一、事件经过

2012年1月3日18：45：30，某厂1号机组正常运行，负荷为370MW。突然集控室听到两声巨响并伴随有较强的振动，MKⅥ发“COMP DISCHARGE XDUCER DIFF FAULT IGH”“LOSS OF COMPR DISCHARGE PRESS BIAS”报警，压气机排气压力低至4.13kg/cm^2，机组跳闸，负荷由370MW甩到零，BB1X、BB1Y振动为0.43mm，BB1、BB2瓦振为26mm/s，1s后BB1X、BB1Y涨至0.6mm，BB1、BB2涨至46mm/s，排烟温度最高达797℃。按紧急事故停机处理，盘车投入正常，盘车电流为55A，惰走时间为26min。

1月4日，打开压气机排气缸人孔门进行检查，发现有大量叶片碎屑。1月5日，进入排气烟道进行检查，在放喘放气阀出口及附近烟道底部发现大量叶片碎屑，检查三级动叶外观无异常，三级护环底部有碎屑，下游有粉状物。1月6日，检查进气蜗壳，发现IGV轴套有刮擦，其他无异常。1月8日，对压气机、透平孔进行探检，发现压气机S3下半有2片根部断裂，其后叶片损毁严重，透平部件未见损伤，二级护环底部有大量金属粉尘。

S12级叶片严重受损变形如图1-9所示，S9～S12级叶片严重受损变形（上面4级），但基本未断裂，沿旋转方向倒伏；S5～S8级叶片大部分断裂（上部凹槽下面4级），仅余小量严重变形残片，沿旋转方向倒伏；上半右侧中分面第1片S8叶片叶根槽损坏（箭头处）；缸体内表面严重刮伤。S4级20号断裂叶片根部如图1-10所示，S4叶片严重受损变形，有2片从根部断裂；S3严重受损变形，有1片从根部断裂，有1片从叶尖片断裂。

图 1-9　S12 级叶片严重受损变形

图 1-10　S4 级 20 号断裂叶片根部

1 月 15 日，拆除排气框架和透平缸，排气框架检查情况较好，筋板根部裂纹发展不大，未发现其他异常。透平缸吊开后检查喷嘴和动叶，没有发现异物打击出现创伤性损坏痕迹，一喷内部冷却通道内充满碎末，一级复环轻微刮擦，二喷轮间密封部分损坏，二级动叶蜂窝密封被打碎，三级动叶蜂窝密封有损伤，整体情况良好。1 月 17 日，拆除压排缸，吊出内缸，下午吊出燃气轮机转子，S15 和 S16 全部从根部打断，S17、EGV1 和 EGV2 基本维持原状，过渡段状况较好，没有发现大的损伤，下半缸 S3 确认断裂 2 片。

二、原因分析

燃气轮机压气机叶片断裂，导致压气机转子和压体不同程度损坏，主要原因是设备的材质问题和设计原因所致。

三、防范措施

（1）对压气机进行优化设计改造，更换压气机优质叶片。

（2）加强运行过程中机组振动等的监视，对于低频分量进行深入分析。

(3) 提高机组运行过程中各变化量的重视程度，对机组及其部件进行劣化度跟踪分析。

(4) 结合运行数据变化，以不定期和定期相结合的方式对机组通流部分进行孔探检查，尽量避免机组频繁启停对机械通流部件的损坏。

第二节 9E燃气轮机典型事件

[案例18] 模式切换时振动大燃气轮机停运

一、事件经过

2008年10月23日，某厂1、3号机组运行，1号燃气轮机负荷为100MW，3号汽轮机负荷为65MW，AGC退出。23：50，1号燃气轮机拖3号汽轮机性能试验结束，GE公司调试人员进行了最后一次燃烧调整后，通知运行人员机组可以投入协调控制及AGC运行。并告知1号燃气轮机燃烧模式的切换点降负荷时为100MW左右，升负荷时为115～120MW。10月24日00：00，由于AGC总负荷指令为180MW，此时1号燃气轮机负荷达到110MW，燃烧模式由先导预混（PPM）模式切向预混（PM）模式。由于燃气轮机在先导预混模式下，烟囱会有黄烟冒出，值长联系网调，接网调令退AGC并协调将燃气轮机负荷升至120MW，00：08在燃气轮机负荷升至115MW后，由于2号轴承振动达到21.2mm/s，超过自动停机保护定值20.8mm/s，1号燃气轮机发自动停机令，主值对1号燃气轮机进行主复位，重新发启动令成功，将1号燃气轮机负荷稳定在90MW。00：50，值长接调度令重新升负荷至130MW，尝试冲过燃烧模式切换点；00：55，1号燃气轮机负荷升至115MW后由于2号瓦振动达24.5mm/s，1号燃气轮机再次发自动停机令，主值对1号燃气轮机又进行主复位，重新发启动令成功，将1号燃气轮机负荷稳定在90MW。

经厂家人员确认将燃烧模式切换点的燃烧基准温度由2280℉改为2290℉，告知运行人员在此切换点可减小振动，冲过切换点。10月24日06：54，更改燃烧模式切换点的燃烧基准温度后，运行主值人员再次升负荷冲燃烧模式切换点时，1号燃气轮机2号轴承振动达26.84mm/s，超过了燃气轮机振动保护跳机值25.4mm/s，跳机。

二、原因分析

燃烧模式切换时，由于GE公司（厂家）技术人员对切换点选择不当，造成燃气轮机内流体波动大，1号燃气轮机发生振动，振动超过燃气轮机跳机保护动作值，跳机，联跳3号汽轮机。

在性能试验开始前，1号燃气轮机燃烧模式切换设定点（由PPM模式切换至PM模式）为2260℉，模式切换正常；在10月23日性能试验完成后，GE公司（厂家）技术人员进行了火焰筒调整，此设定值改为2280℉，并将FXKSG1、FXKSG2、FXTG1、FXTG2、FXKG1ST、FXKG2ST、FXKG3ST等相关参数也进行了修改。

10月24日，GE公司技术人员再次将燃烧模式切换（由PPM模式切换至PM模式）温度设定值改为2290℉，燃气轮机于早晨6：54进行燃烧模式切换时因轴承振动大跳机。

GE公司技术人员解释此次燃烧调整参数修改为GE公司技术部门下发的定值，可能与现场机组情况不能完全匹配，并决定由GE公司技术人员将1号燃气轮机燃烧模式切换（由PPM切换至PM）温度设定值改回性能试验前稳定运行时的设定值2260℉，由于DLN设备已经拆除，GE公司技术人员并未对其他模式切换相关参数做相应的修改。

由于燃烧调整由GE公司全部负责并进行技术封锁，需要专业的设备和软件，故由于燃烧调整参数设定问题引起的振动问题，发电企业无法查出其产生原因，需要GE公司技术人员再次用DLN设备进行燃烧调整并解决。此次事件暴露出如下4方面的问题：

（1）GE公司技术人员技术把关不严，针对燃气轮机模式切换的调整考虑不周。

（2）热工人员对设备的管理薄弱，对厂家的调整试验、参数修改没有进一步进行分析。

（3）在两次燃气轮机因为振动大触发自动停机程序的情况下，仍然进行第三次强行通过燃烧模式切换点，暴露出运行把关不严的问题。

（4）在机组非计划停运后，直接将机组转入计划检修，没有及时汇报上级部门，没有认真履行事故处理程序。

三、防范措施

（1）对GE公司的技术服务，要求热工人员紧密跟踪，尽快提高技术技能，加强分析和处理故障能力。

（2）加强管理，提高运行人员的故障处理能力，严格执行事故处理和汇报程序。

[案例19] 燃气轮机振动高跳机

一、事件经过

2011年9月9日，3号机运行，BB3测点故障（于9月5日启机后就大幅波动，从－70mm/s到＋203mm/s，由于机组一直连运，未进行处理），BB5于9月9日上午9时多出现波动，从＋4.7mm/s到＋14.7mm/s，其他参数正常。13：57：52，出现high vibration trip or shutdown，机组跳闸，1 号烃泵联跳。跳机前后 3 号机振动参数见表 1-1。

表 1-1 跳机前后 3 号机振动参数 mm/s

时间	BB1	BB2	BB3	BB4	BB5	BB10	BB11	BB12
13：57：51	0.4	0.5	5.8	3.1	6	0.9	1	0.7
13：57：52	0.3	0.5	46.2	3.3	9.4	0.9	1	0.7
13：57：53	0.3	0.5	58.5	3.1	13.9	0.9	1	0.7
13：57：54	0.4	0.5	38.2	3.4	12.7	0.9	1	0.7
13：57：55	0.5	0.6	24	3.5	10.5	0.9	1	0.7

二、事件原因

3 号机 BB3、BB5 振动探头故障或电缆接触不良。

三、防范措施

更换 BB3、BB5 振动探头，检查紧固电缆接线。

[案例 20] 燃气轮机压力低丢失火焰跳机

一、事件经过

2010 年 12 月 2 日 10：19，1 号燃气轮机带预选 103MW 运行，2 号机带 58.5MW 运行，1 号燃气轮机出现 p_2 压力低，丢失火焰跳机报警，机组跳机。10：21，气化站出现“电厂 1 号燃气轮机跳机信号”，2 号烃泵跳停，2 号气化器出口安全门 A205 和烃泵出液母管安全门 A202 分别动作 9 次。

经检查发现：1 号机 p_2 压力 2s 内从 1.8MPa 降到 0.7MPa。值班人员手动传动 1 号机速断阀，强制信号 L20FS1，阀门不动作，甩开电磁阀 20FS，测量 20FS 线路（Mark_v 到电磁阀前接线箱），绝缘合格，测量电磁阀电压为 80V，有波动，判断为电磁阀故障，将 3 号机 20FS 电磁阀拆至 1 号机，强制信号动作正常。

气化站烃泵跳停后，值班员退出“燃气轮机跳机联锁”，烃泵自动启动，值班员再次手动停运，关闭烃泵出口手动阀，回流指令给定 30%，通过辅调卸车，降低主调后压力。

二、事件原因

从跳机历史数据上看，速比阀开度为 39.85%，FPG2 为 1.822MPa，在 3s 内，速比阀开至 99.38%，FPG2 降至 0.575MPa，怀疑速比阀前供气中断。通过 3 号机安全阀动作及前置过滤器上天然气压力表显示 2.5MPa，可以排除气化站异常造成天然气管线供气中断（气化站异常也不可能造成供机组天然气中断），初步判断为1号机速断阀故障造成机组供气中断，熄火跳机。

三、防范措施

（1）定购备件，以备故障时更换。

（2）加强设备定期维护力度，降低设备事故率。

（3）修改燃气轮机跳停后烃泵操作程序。

［案例21］ 发电机故障停机

一、事件经过

12月29日0：18，1号机在停机过程中，运行值班员发现机头控制室照明灯突然一闪，后88TK-2故障红灯亮。到现场检查发现该电动机B相熔断器熔断，复归热偶，更换熔断器后启动，再次出现故障红灯亮，后查A、B两相熔断，经摇测电动机三相对地绝缘均为0。

现场打开风机罩壳，用手盘电动机不动，打开接线盒闻到一股烧焦味，确认电动机烧坏。更换了一台国产电动机，并测量新电动机绝缘大于500MΩ，合格可投用。

在新电动机试运前的检查中发现，开关的A、B相熔断器熔断，更换熔断器后将88TK-2电源开关抽屉插入时，听到有放电声，立即拔出抽屉，检查熔断器完好，抽屉插头上有明显电弧灼伤痕，后进行打磨修复处理后，再次插入抽屉时无放电声，但热继电器出现过热、冒烟。

本次事故后再次拉出电源开关抽屉，检查发现接触器A、B触头粘死，后将其撬开，并做了原状下的打磨修复处理。接着送电试转，启动约2s后，电流回到530A左右；约8s后，电流降到450A左右，热继电器动作（原整定刻度为83A）。将88TK-1抽屉换到88TK-2试验正常，三相电流平衡。仍然换回88TK-2抽屉，同时将热偶整定刻度调至90A后再试，热偶仍然动作，接着又把热偶调到95A后再试，热偶动作。

检修人员分析认为只要能躲过启动电流，即能正常运行，为了不影响负荷，建议短接热偶后先运行，经请示相关领导同意短接热偶。检修完成短接，并口头答复88TK-2不用试运，直接随机启动。08：46，运行发启动令开机，机组点火投入排气支撑及框架冷却风机88TK，运行人员随后即发现88TK-2电源开关柜冒烟，立即停机，并断开88TK-2电源开关。

拉出88TK-2抽屉检查发现接触器B相触头有烧伤痕迹，热继电器有焦臭味，抽屉插头B相也有带负载拔插烧伤痕迹，为了安全即将接触器、热继电器进行了更换。接着对电动机进行试运，又发现B相无电流，立刻停运，将88TK-1电动机的电源柜用于88TK-

2 试运正常。复装后再次检查发现 B 相熔断器熔断，但不知熔断器是什么时候熔断，再次更换熔断器后试运正常。

二、原因分析

（1）对电动机进行解体检查发现：输出端轴承过热烧坏，保持架脱落（有一块已严重挤压变形），转子、定子铁芯有较严重的磨损、错位，定子负荷侧绕组局部有聚集炭黑、金属残粒及绕组表层击穿烧熔现象。初步分析认为先是轴承损坏，引发失中及保持架碎片飞进定子与转子气隙内，造成严重动静摩擦，最后导致定子绕组接地。

（2）经查电动机该轴承投用约 4500h，不到正常使用寿命的 1/2，上次定检、加油（12 月 4 日）记录及过程清楚，机械载荷部分均未发现异常，因此，该轴承质量问题引起提前失效应该是这次故障的起因。

（3）故障（保护动作）初期的检查、处理中，在未能查明和消除故障原因前提下复位热偶、换熔断器后再次启动，加剧了电动机损坏（严重动静摩擦，引发定子磨损、铁芯错位、绕阻接地）以致报废。

（4）在新电动机投用前只检查和更换了 A、B 两个熔断器，当时却未对其他部分进行详细检查的情况下就推上开关抽屉，结果导致了带负荷"接插"，造成抽屉插头局部烧熔。经插头打磨处理后，仍在未查明原因的情况下再上开关抽屉，随即热继电器冒烟，再拉出抽屉检查，才发现是因接触器触头粘住所致。

（5）经再次处理后送电试转，又出现了（2s 后电流回到 530A、8s 降到 450A 左右）热继电器保护动作。后将 88TK-1（整定 90A）抽屉与 88TK-2 更换后启动正常，换回将 88TK-2（整定电流调大 90、95A 再试，仍动作，实际上热继电器因经前面的过热冒烟及反复动作后性能已发生较大偏移。

（6）为解决热继电器的不正常保护动作问题，现场检修电气分部人员请示本部门和生管部领导后短接热偶，但短接后却仍未进行检查、试转就直接投入开机。当时一投 88TK-2 即发现开关抽屉冒烟，立即停机、断开 88TK-2 电源开关。后查是熔断器 B 相烧断（B 相触头、插头有烧伤痕迹）、热继电器有烧焦味，显然冒烟是缺相（B 相熔断器熔断）造成热继电器主路过载（烧红）引起，而此 B 相是何时熔断，却因缺乏前面过程的检查，而一时无法确定。

（7）上述（4）～（6）项，属检修处理人员的违章、违规操作造成，可以说是不顾人身、设备安全的野蛮操作行为，处理过程中还存在故障处理请示上报不全、不实现象，以致出现决定失策、违章不能制止的现象继续发生。

三、防范措施

（1）加强大容量电动机检修中的轴承质量把关（从选型、订货、验收及试验）以及更换工艺，加强厂内大容量电动机的定检、巡检、预试及维护工作，相关工作都要有明确的项目、要求、工艺、流程卡（规定），都要有详细书面记录（日期、人员、实际状态、执行情况），特别是日常的加油操作与相关定检工作。

（2）运行电动机保护动作，除了为保证机组安全的紧急状态外，运行人员必须在检查设备（电动机和电缆）绝缘符合规定和可以盘动（无法盘动的电动机除外）的前提下才可进行恢复、试投。在日常的电动机检修和故障处理中检修人员必须严格执行相关安规和检修规程，特别是在未查明和消除故障电动机、开关、线路的隐患前，不得擅自送电、重启。

（3）建立和完善各类电动机，特别是大型电动机热偶的定值校验和整定办法，按照电动机规格订购大电流发生器，调整和更换不符合安全运行要求的在线电动机保护热偶，以确保和提高各类电动机热偶保护的可靠性。

（4）对日常无法进行例行安全巡检的大型在运电动机进行结构改造（可以日常的巡检、监视）、对保护装置还不健全的大型电动机进行完善，如增加监视用电流表、改进电气保护装置和提高保护性能。

（5）日常的设备抢修一定要严格执行相关检修工艺，不得违章操作、不得野蛮操作，以确保抢修安全和避免抢修的超时现象出现。

（6）设备检修中，对需要断开或跳开原设备保护的决定要慎重、工作要做细，要明确职责、权限，当事人对上级要如实反映情况，对因误报、缺报而造成上级领导命令或决定发生错误的，上报人要负主要责任、领导负失察责任。

（7）设备抢修时，检修和运行部门间特别要做好对故障设备的交接工作，特别是运行人员在没有条件和把握的情况下，不要对故障设备随意乱动，以避免故障的加重和扩大，检修人员在接收故障设备时要详细了解、核实故障的详细情况，无论是修前、修后双方都要对设备进行认真的交接、验收，特别是运行人员对刚经检修的投运设备更要加强状态监护。

（8）生产管理部的安全、技术监督管理人员在事故过程中应在第一时间赶赴现场，收集相关资料，监督、协调现场事故处理，确保现场事故处理的有序、安全进行。

（9）健全和完善安全生产管理办法，强化员工安全教育、培训，加强现场安全生产监管和安全考核力度。

[案例22] 卡件损坏自动停机

一、事件经过

某厂设计为9E分轴机型2007年6月12日18：47，3号燃气轮机MARKV、发电机定子温度高高、重油温度高高、发电机热风温度高高、发电机冷风温度高高同时报警，机组快切轻油，检查3号发电机定子温度大于430℃，冷、热风温度为390～410℃，WT-TL1、WTTL2、ATTC1、ATLC1、LTOT、LTOT1、LTOT2、FTH、FTHH、FTD、FTL均显示不正常，数值在415℃左右，到现场检查重油回油温度及重油加热器出口温度均在正常值内（121℃左右）；检查机组的有功、排气温度、CPD、CTD、FQL1、FSR等均正常；18：47：28，3号燃气轮机进入自动停机程序，19：00燃气轮机脱网，19：06机组熄火，19：20燃气轮机盘车投入。

二、原因分析

故障发生后，值班员到就地检查重油回油温度，无异常；检查3号发电机-变压器组保护柜、母线保护柜、出线保护柜，故障滤波上均无异常报警；检查发现TBCA板卡已损坏，认为此次停机是由TBCA板卡坏引起的。

三、防范措施

（1）加强现场检查，完善防雷措施。

（2）采购相关卡件备用。

[案例23] 电动机故障停机

一、事件经过

2月11日00：26，1号机正常解列熄火，临界振动，惰走正常；当晚运行人员做定期工作测量88QA电流正常；04：28，机组发“直流泵运行报警”，查88QA故障灯亮、88QA跳闸、88QE启动，检查现场无跑油，手摸88QA电动机较烫手，经复归热继电器后88QA启动运行，其三相电流较停机后升高，分别为195/208/196A，且各相电流波动达20A；04：29，投88TG/88QB/88QV恢复盘车运行，现场听88QA声音异常，并突然再次跳闸。

04：45，再次复归88QA热继电器后，88QA/88TG/88QB/88QV运行，测88QA电流为200/201/205A（规程为139.9A），约经3min 88QA（辅助润滑油泵）再次发生跳闸，直流泵88QE启动现象；05：03，机组TNH0%、88QE停运，轮间最高温度为202℃；05：15，手启88QE运行。

检修人员对88QA进行检查，发现泵轴窜动大，手盘较沉，电动机不卡且绝缘正常，安排更换新泵。

二、原因分析

（1）经分析，88QA电动机过载、跳闸是由轴承损坏造成。从所拆卸开的轴承已磨损、过热与散架及壳/盖的状况观察，应属渐进过载、磨损失效，而不是随机的突发性破坏。

（2）该油泵是刚更换1年的进口泵，且1月更换过新的轴承，从1月19日设备投运到2月11日即出现上述故障，实际运行仅20天，从失效形态分析，检修工艺以及泵本身质量都存在问题。

三、防范措施

（1）该机投产两年半已发生两次88QA故障，其性质与后果较为严重，生产部门要吸取教训、总结经验，特别是检修部门要进行专题研究，提出可行解决办法，并组织实施。

（2）改进和提高备件的检查、验收以及检修质量。

（3）针对这次该泵的渐进磨损损坏，而不是随机的突发破坏的机械失效特征，改进和提高日常的巡检、定检及维护工作的方法和技术，确保手段有效。

（4）重视和做好全厂重要转动辅机（电流、振动及温度）的日常动态监控工作。

[案例24] 排气分散度高跳机

一、事件经过

6月3日07：43某厂9E型机组在做机组启动准备过程中，运行人员发现6号机TTXD1_17排气热偶故障开路，显示值为－84℃；07：54，告知热控人员答复，暂时不影响运行，马上派人处理；07：47，机组发启机令，点火升速至满速；07：59：05，机组发“燃烧故障”报警；07：59：06，发“排气热偶故障”报警；08：00，并网；08：13，切到重油位；08：16，带满负荷；08：42：45，机组发“排气分散度高”跳机，查跳机时历史数据。

TTXD1_1为526℃、TTXD1_2为534℃、TTXD1_3为543℃、TTXD1_4为544℃、TTXD1_5为536℃、TTXD1_6为538℃、TTXD1_7为541℃、TTXD1_8为540℃、TTXD1_9为552℃、TTXD1_10为542℃、TTXD1_11为546℃、TTXD1_12为533℃、TTXD1_13为541℃、TTXD1_14为537℃、TTXD1_15为515℃、TTXD1_16为541℃、TTXD1_17为599℃、TTXD1_18为513℃、TTXM为538℃、TTXSPL为67.1℃、TXSP1为90.2℃、TTXSP2为88.2℃、TTXSP3为78.1℃、DWATT 为28.4℃；08：42：46，

TTXD1_17为605℃；08：50，热控人员到场确认TTXD1_17故障；09：08，将TTXD1_17并接到TTXD1_14上；09：10～09：25，进行充油正常；09：27，启机；09：43，并网正常；6月6日，6号机小修时更换了17号排气热偶。

二、原因分析

（1）本次跳机的直接原因为17号排气热偶故障：启机前为完全开路状态（查看诊断报警记录06：13：08发“〈S〉 TCQA thermocouple TC6 failed”报警）；约在启机脱扣时开始其温度在－84～230℃范围内波动，到了8：30以后波动消失，17号排气热偶温度从300℃左右开始缓慢爬升，至8：41：49时达540℃，超出了当时的TTXM：539℃，此后继续上升成为最高点；该热偶单点温度的升高造成TTXSP1、TTXSP2、TTXSP3同步上涨，相继超过允许温差TTXSPL值，造成跳机，保护动作正确。

（2）本次跳机的间接原因为运行人员没有及时发现17号热偶开路及开机后出现的异常波动；检修人员在接到通知后也未能认真分析可能存在的隐患，而是简单的答复暂时不影响运行，没有及时到现场进行相应处理，以造成保护动作。

三、防范措施

（1）加强对新员工的技能培训，值长、单元长加强对新员工运行操作的监控和指导，对各种异常现象（特别是各类报警）应仔细分析，及时处理。

（2）检修人员在得到运行人员要求处理异常的通知后，应在规定的时间内处理异常，对影响机组安全运行的紧急缺陷可由值长自行决定停机处理后，再向上级汇报。对不影响机组安全运行且在开机状态无法处理的缺陷，由运行、检修两部共同制定防范措施后报生管管理部门备案。

（3）对于单点排烟温度异常引起的排气温差大，在确认热电偶故障的情况下，可以采用并接热电偶的方式维持运行。对于区域性排烟温度异常，不得采用手动调节负荷或预选负荷的方式运行，当班值长应及时将异常情况报生产管理部和厂领导。

[案例25] 燃气轮机进口导叶IGV故障

一、事件经过

9月3日07：55，某厂5号机启机过程中，08：07机组升速至90.3%n（额定转速），观察到IGV（进叶可调导叶）开始动作，CSGV由33.6°缓慢上升；08：07：51，机组升速至97.8%n时，发“IGV控制故障跳机”“IGV控制故障”“IGV位置故障”报警，机组自动停机，转速下降。

停机后进行IGV静态动作试验：分别给定34°、57°、84°的IGV开度时，MKVI反馈值、就地开度及测量伺服电流均对应、正常；09：26，经多次反复IGV开、关动作试验正常后，机组发启动令，第一次试机；09：37，机组正常升速至89.8%n，IGV给定值（CSRGV）由34°开始增大，反馈值（CSGV）升至35.5°时保持不变，查就地开度仍在34°位置无变化，液压油压力为8MPa，系统无渗漏。机组升速到97.5%n时IGV给定值（CSRGV）达84°时，机组自动停机；怀疑VH3前的液压油滤网脏，待轮间温度下降后，15：10，更换了IGV的专用滤网。并再次进行IGV静态试验，在IGV不同角度下，其控制参数和反馈信息跟踪均正常，同时在各个角度状态下逐片检查（共64片）可转导叶，无卡涩；16：18，发启动令，第二次试机，现象同第一次试机，IGV仍打不开，机组自停；17：00，模拟水洗状态，第三次试机。选水洗状态，CRANK方式，发启动令，当14HM动作时，CSGV由34°升至84°，就地IGV开启，指示84°，观察相关运行参数未见异常。经对比几次试机时IGV的故障现象，分析认为测量、控制系统没有问题，初步锁定故障点应在液压系统和可转导叶机械传动部分。

9月4日08：40，依照上述思路，分析怀疑20TV-1电磁阀在带电动作后，可能关闭不严，造成IGV油动机推动液压油流量不够。更换该阀，并进行IGV静态试验正常；11：28，发启动令，第四次试机，试验结果同前，IGV打不开，机组自停；17：30，为进一步观察IGV管路的油压变化，在IGV执行油动机的进、出口液压油管路上加装了测试用常规压力表，同时，为缩小故障范围，将IGV的伺服阀也进行了更换，21：30结束；23：00，机组发启动令，第五次试机，升速至90.3%n时IGV开度由34°开始开启，达55.5°后保持不变，此时油缸两侧油压为7.6/2.8MPa；23：18，机组空载满速，检查机组无异常后并网带负荷。当TTXM达370℃，CSRGV由5.7MPa往上升时，CSGV保持55.5°不变，油缸两侧压力最终达8.4/0MPa，CSGV仍为5.55MPa，同时机组发“IGV控制故障”报警，即发STOP停机，仍未锁定具体故障点。

9月5日，经过多次IGV动、静态的检查和分析，故障范围逐步缩小到IGV的油动机和传动机构上。由于该项检查的工作量和难度都很大，耗费的时间也长，经请示厂领导同意后，开始进行该项检查；16：30，经解体检查发现：油动机输出推动连杆头并帽松动、锁片断开；96TV-1/2安装板座与油动机输出推动连杆头的电焊处脱焊开裂；打开油缸检查内缸面光滑，无异常拉伤痕迹，活塞运动自如。复装后，油缸可用手轻松推拉，憋压不漏。组装油动机后，重新紧固并帽，加锁两道锁紧压边（原大修返厂时锁一边），并点焊96TV-1/2安装板座与油动机输出推动连杆头；22：30，油动机部套复装完毕，对IGV的静态CSRGV和就地指示值、IGV伺服电流和反馈值进行了检查、调整，并拆除了观察用的两只临时压力表。

9月6日00：00，机组发启动令，第六次试机。升速、并网直至带基本负荷，IGV动作正常，机组无异常；02：19，停机备用；07：55，按计划正常启机；08：00，发现

IGV 油动机液压油管路漏油，立即停机处理，查为油动机左侧管进口卡套松脱，右侧管有砂眼。更换卡套并对砂眼进行了补焊；09：45，处理完毕，试压无漏；10：02，机组启动；10：22，并网。

二、原因分析

（1）机组在运行中长期的振动或偶然的一次大振动，引发锁片张开失效和焊缝开裂，导致 IGV 的油动机和传动机构松动和锁片失效。

（2）IGV 油动机左侧管进口卡套松脱及右侧管砂眼，也同样因振动，振脱卡套及油动机进、出油液压环形减振管因相互摩擦减薄而引起。

三、防范措施

（1）利用每次小修机会，对全厂燃气轮机的 IGV 部套和系统进行一次全面、仔细的检查（重点为检查、解决高频振动问题），及时消除隐患。同时，将该项检查正式列入各台燃气轮机的定期工作。

（2）明确规定燃气轮机设备负责人为设备发生异常时技术攻关的召集、协调及分析、解决问题的总负责人。当设备出现疑难技术问题时，及时召集相关专业技术人员，进行讨论分析、安排相关检查及处理，尽快排除异常。各专业技术人员也应打破工种、专业界限，必须听从燃气轮机设备负责人的安排、调遣，积极配合，不得推诿。

（3）认真总结经验，不断提高故障消缺能力，准确把握故障处理的切入点和时机。

[案例 26] 检修维护不到位，运行中因异常二次停机

一、事件经过

1 月 28 日 10：23，7 号机发“START”令；10：40，机组并网；11：09，发“轴承金属温度高”报警，经查 3 号瓦金属温度 BTJ3-1/2 达 130/130℃，约 1min，温度上升到 140℃，查该瓦回油温度及各瓦振动均正常，令机组快速降负荷到 5MW，3 号瓦金属温度无变化，仍为 140℃。11：24，报部门及厂领导同意后，令机组解列、停机，进行相关检查。

经检查，3 号瓦金属温度测量回路有接地现象，由于该故障的排除涉及要揭透平缸等的大量工作问题，一时不能处理；后领导同意，运行中按 3 号瓦的进、出油温差为 15℃的方法进行监控。

17：00，7 号机组负荷为 70MW，TTIB1（负荷齿轮间温度）为 178℃；18：00，TTIB1 上升到 188℃；19：00，TTIB1 上升到 223℃，超过正常运行时的温度 180～190℃值上限。查 88VG（负荷齿轮间通风机）风叶打开，开关柜红灯亮（有电），但钳形表流

表测 88VG 电动机电流却为 0。后到现场打开负荷联轴间左侧门进行检查，发现发电机前轴承下方有火花（光）。

19：16，急令 7 号机降负荷、切轻油、准备停机，报部门领导；即通知厂警消队派员现场戒备和通知检修各分部负责人到现场检查、处理。19：36，7 号机解列，期间多次向 4 号瓦下方火光部位用 1211 灭火机进行灭火。后经检查，此明火是由 4 号瓦回油测点套管外部的沉积油垢在高温下自燃引发。

现场检查发现 88VG 电动机内部有一根引线断开，重新接上后测量该电动机绝缘电阻为 500Ω 正常，试转电动机及启动、稳定电流也均正常。

二、原因分析

1. 3 号温度检测故障原因分析

（1）分析认为 7 号机 3 号瓦金属温度 BTJ3-1/2 测点回路引出线接地、线间短路故障，是造成测量不准及波动大的原因。

（2）损坏的补偿导线上次大修作过更换，但这次故障的出现仍反映出年度检修的检查工作及日常定检、维护工作存在不足。

2. 88QV 故障及负荷间火警原因分析

（1）按常规着火条件的空气、可燃物、温度 3 条来分析：可燃物为下部套管外长年积下的油垢；温度是由于 88VG 断相不转，引起负荷间环温上升（TTIB1 上升到 223℃）；在负荷间高温烟气的烘烤下最终导致着火。

（2）接线套管外长年积下油垢，此处长年没有妥善清理、日常清洁工作没有做到位，平时有疏漏、这次小修中也没有清理干净所致。

（3）88VG 断相不转经检查是由于内部一根引线断开所致，经现场调查此线段已相当陈旧。

（4）该问题反映出年度小修（刚小修完）的检查及相关日常定检、维护工作仍有漏洞及不到位和不完善的地方。

（5）当值运行人员存在处理措施不当的问题（按照当时情况本次事件可不停机，只降负荷处理）。

三、防范措施

1. 3 号瓦热电偶引线故障防范措施

（1）在目前问题一时无法解决的情况下，运行中需加强监督 3 号瓦的进、出油温差（LTB3D 的 3 号瓦回油温度与 LTTH1 的滑油母管温度之差目前为 13℃）和 3 号瓦的回油温度。

（2）运行各值要加强对各主设备轴承瓦温及振动特性的正确理解与全面掌握，特别是监盘中各机组瓦温与振动的动态特性，以有效避免烧瓦故障和确保机组运行的安全可靠性。

（3）年度检修时检查、更换该故障引线。

2. 88QV 故障及负荷间着火故障防范措施

（1）制定检修计划，对处在恶劣环境条件下的动力线重要控制线应作有计划的分期、分批检查、更换，加强日常的定检和维护工作，以提高设备运行的可靠性。

（2）提高检修及日常定检、维护工作质量，要把各类缺陷尽力在计划检修及日常定检、维护中解决掉，确保已检查、维护或修理的设备质量。

（3）强化生产设备现场文明生产的力度，特别是各主设备各容易积有油垢等易燃物品的死角部位；特别是运行部要强化日常巡检和设备卫生工作以及加强设备检修后的验收工作，发现各项安全隐患及时上报、及时处理。

[案例 27] 燃烧模式由贫贫模式向预混模式切换失败进入扩展贫贫模式

一、事件经过

6 月 15 日，3 号机在第一次由贫贫燃烧向预混切换时，出现清吹系统退出故障，机组自动进入扩展贫贫模式，再次减负荷回切至贫贫燃烧模式（约 60MW）；之后，多次进行试验均失败。

二、原因分析

燃气清吹系统的阀间压力放散管太细，造成阀间气体不能及时泄压。

三、防范措施

将燃气清吹系统阀间的压力保护定值 K96PG2 由原来的 10PSI 改为 50PSI。

[案例 28] 满负荷预混模式下运行时一区回火造成燃烧模式保护切换

一、事件经过

燃气轮机满负荷运行，预混稳定模式。MKV 突发“燃烧室 1 区自动点火”“扩展贫贫燃烧排放高”报警，同时燃烧室一区出现火焰，机组由预混稳定模式切至扩展贫贫燃烧模式。

二、原因分析

（1）控制系统故障导致燃烧室二区火焰回窜。

（2）点火器故障。

（3）一区火焰探测器故障。

（4）燃料喷嘴、旋流器烧坏，造成燃烧区外扩、回火。

三、防范措施

为防止排放超标及缩短燃烧部件使用寿命，立即降负荷到60MW，退出扩展贫贫燃烧模式，重新带回基本负荷。

［案例29］火焰筒烧损事件

一、事件经过

某月1日23：45，因电气原因1号燃气轮机满负荷跳机。在其后重新启动过程中，因机务、控制等各方面原因历经了4次高速清吹、点火，直至第2日3：28并列，3：52机组负荷为80MW，排气分散度（通常默认是第一分散度）26.7℃；22：54，负荷为100MW，排气分散度升至38.3℃，约1h后升至50℃，减负荷至90MW；第3日00：54，分散度升至59℃，运行人员再次减负荷至85MW，排气分散度降至40℃；此后，机组一直维持在该负荷运行，排气分散度基本稳定在40.5℃。凌晨6：20，运行人员巡回检查时发现烟囱冒黑烟，立即停运机组。经检查，设备损坏情况如下：

（1）7-8和8-9联焰管严重损坏，其中阳联焰管烧穿，管身因高温严重变形，靠7、9号火焰筒一侧的联焰管头部烧灼情况稍轻，其余燃烧单元的联焰管正常。

（2）8号火焰筒严重损坏，筒体尾部全部熔化，密封裙环全部丧失，筒体除顶部颜色基本正常外，其余大部分颜色变黑，筒身部分冷却气孔被熔化的金属重新凝固后堵塞，见图1-11。

图1-11　火焰筒烧灼情况

（3）2、7、12号过渡段正常，3、4、6号过渡段内部表面（气流转弯处）有不同程度的斑坑，但未穿透。其余7只过渡段内有大小和范围不同的穿孔，未穿透的斑坑内部及其他部位有明显结垢。8号过渡段严重熔化、烧穿，见图1-12。

（4）8号过渡段对应的3片静叶凹弧表面有黑烟，其中1片静叶进气边上附着较多金属熔渣，其余燃烧单元对应的静叶正常。

（5）所有导流衬套没有烧伤、变形的痕迹，全部可用，燃烧室和燃烧缸、透平缸、排气框架等底部排污通道全部畅通，14只燃油止回阀经校验台校验基本正常，动叶未做检查。

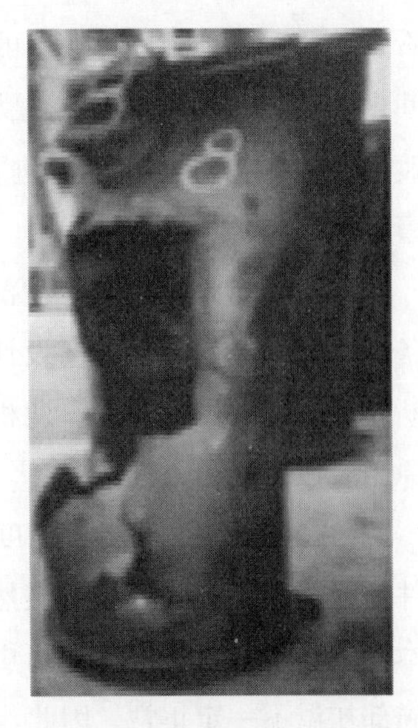

图1-12　过渡段烧灼情况

二、原因分析

（1）影响燃烧单元热负荷变化的因素很多，如燃料分配的均匀程度、燃料的雾化、冷却空气的均匀、通流部分叶片的结垢程度，局部焓降差别、局部漏气等，排气分散度是所有这些因素的综合反应。在稳定的工况下，即使火焰筒、过渡段等部位发生局部过热，只要不穿透、不改变冷却流场分布，分散度仍将维持原先的水平。

（2）从燃气轮机燃烧系统的工作情况看，压气机出口约1/3的空气流量作为一次助燃空气从火焰筒端部鱼鳞孔进入，其余2/3空气量从火焰筒筒体冷却孔进入，在火焰筒内表面形成气膜以阻止高温燃气的表面接触。就温度分布情况看，在接近燃尽阶段的断面上混合气体平均温度最高，负荷越高，这个断面越接近尾部，满负荷大约就在筒身的2/3处，原因是作为二次冷却的空气大部分从燃尽阶段的冷却孔内流入。由于火焰筒有良好的几何形状，本身具有完善的冷却条件，表面金属温度并不高，而过渡段外表面仅存在有限的对流冷却，内壁承受的是燃气轮机的进口初温，是燃气轮机温度最高的金属部件，大部分过渡段被烧穿而火焰筒相对完好也说明了这一点。

（3）燃油中含有一定金属添加剂，燃烧后产生的颗粒对输送通道产生磨损。过渡段承受的是高温且高速流动的燃气，当流动方向改变时产生的磨损最严重。过渡段被穿透后冷却空气从穿透处进入过渡段，导致过渡段压力升高，也使火焰筒内压力增加，火焰筒内燃烧的高温燃气通过联焰管流向两侧燃烧筒的流量增大，高温燃气因直接接触火焰筒内壁而迅速烧坏火焰筒。在这一过程中，相对应的过渡段因局部磨穿而使冷却空气量增加，从而改变了整个燃烧系统冷却空气量的分配。

从上述分析来看，虽然分管回流式燃烧系统有诸多优点，但所有的燃烧单元不可能做到热负荷均匀一致，微小的误差随时间的积累终归会使薄弱环节遭到损坏，从结构上看这些薄弱环节就在过渡段的气流拐弯处。因此，1号机在燃烧事件发生前相对较长的时间内已存在自然磨损，在电力短缺期间，机组连续满负荷运行，水洗周期成倍延长，过渡段已达到当量时间而未进行燃烧检查，一旦穿透便在较短时间内扩散并演变成燃烧事故。

经过分析，GE公司燃烧检测保护存在严重缺陷。根据多年的运行经验，如果燃烧设备发生突发性的严重偏离设计工况的情况，燃烧检测保护应能发出报警和保护动作、切断燃料。但对于一些因长期积累引起的燃烧部件缓慢损耗的事故却无法及时报警，主要原因有以下几个方面：

（1）燃烧监测将排气温度作为唯一计算量，把排气温度分布作为燃烧部件及通流部件是否正常的唯一判据，虽然理论上是可行的，但实际运行中却不能完全保护设备，根本原因是没有对温度变化历史趋势进行分析。排烟温度偏差在正常范围时，初温特别是局部初温不一定正常。因此，不能仅以排烟温度来判定初温是否正常、燃烧是否正常。

（2）燃气轮机进气容积流量太大，设备状况的温度、压力等流动参数的偏差不足以反映排气端温度分布的较大变化。即使对平均值来说，也仅当透平运行正常且工况稳定时，进口和出口参数才具有对应关系。

（3）GE公司设置的保护定值不是很合理。例如，在基本工况下，通过计算其分散度大致在68℃左右，而实际运行中超过33℃的概率不大；变工况下的监测保护定值是在原稳态基础上增加111℃，工况稳定后以一定速率衰减至稳态值，而实际情况是工况变化时排气分散度很少超过44℃。因此，这样的分散度变化不可能引起保护装置动作。

三、防范措施

日常维护应制定防止燃烧单元热偏差的技术措施，定期进行燃烧检查。对于燃用液体燃料特别是重油的燃气轮机，利用每隔200h的停机水洗进行日常维护：

1. 燃料供给系统

燃料供给系统是日常维护的主要对象，主要进行如下检查：

（1）双螺杆泵是供油系统中的主要增压设备，转子外表涂有比较坚硬但比较脆的涂层，用于减少动静部分间隙，提高泵的效率，实际运行中多次发生涂层剥落，这些剥落的碎片很容易卡住燃油管路上的单向阀、燃油喷嘴等，导致燃油流量不均匀，也造成多次燃烧监测保护动作。

（2）流量分配器的主要问题是磨损，磨损导致流量分配不均匀、测速齿轮的固定螺栓脱落和测量间隙的变化，运行中主要反应在流量显示有偏差和波动，影响了调节品质，造成机组负荷摆动大。因此，应充分利用机组水洗机会定期测量测速齿轮的间隙和紧固螺栓的紧力。

（3）单向阀。每一燃烧单元的燃油喷嘴入口均设有单向阀，目的是当供油系统进行管线清洗时防止清洗的柴油进入通流部分。单向阀的特性（启闭压力）对燃油流量影响较大，要保证14个单向阀特性一致确有困难。可定期将单向阀放到自制的压力校验台上进行启闭压力的校验，将启闭压力相对均匀一致的单向阀集中使用。

（4）燃油喷嘴的性能对燃烧系统的影响非常大。现场无法进行流量和雾化试验，但可进行严密性试验，目的是防止燃油、雾化空气互相串通，流量的偏差通过单向阀前的压力进行监视。

2. 燃烧检查

（1）目视检查。利用机组水洗后的干燥期间，对角拆卸1组或2组燃油喷嘴，对联焰管、火焰筒、过渡段和一级喷嘴进行目视宏观检查，尽早发现早期缺陷。

（2）孔窥仪检查。通流部分的检查是目视检查的盲区。孔窥仪检查通常是在目视检查没有发现明显缺陷，而机组仍然存在原因不明的问题时，对通流部分特别是一、二级喷嘴的冷却部分进行检查。

（3）计划小修。这种检查方式较为彻底，也有足够的时间进行一些简单的处理，但要事先申请。

第二章 汽轮机系统

[案例30] 低压排汽温度高停机

一、事件经过

2008年2月21日11：42，1号燃气轮机启动过程中运行人员发现余热锅炉汽包间有蒸汽排放，派人就地检查。为防止发生人身伤害，12：04，从DCS上将高压及再热蒸汽启动排汽电动门由自动位解手动，并关闭；12：04，机组并网；12：18，低压排汽温度高80℃，报警；12：20，低压排汽温度高120℃，保护动作，燃气轮机解列。后查明，汽包间漏汽原因为高压过热蒸汽减温水排空气门关闭不严。

二、原因分析

（1）运行人员将高压及再热蒸汽启动排汽电动门由自动位解手动并关闭，导致主蒸汽压力升高，高、中压主汽旁路门开大，大量高温蒸汽及空气快速进入凝汽器，凝汽器排汽温度升高。

（2）启动前操作高压过热蒸汽减温水排空气门未关严，造成汽包间泄漏蒸汽。

（3）巡检人员在不能查明原因的情况下未能及时与控制室进行联系。

（4）单元长在现场存在安全隐患的情况下联系并网。

三、防范措施

（1）增强运行人员操作责任心，做到操作到位。

（2）加强技术培训，生产人员应熟悉控制系统的逻辑关系，对于投入自动的设备，无特殊原因，不得随意解除自动，手动干预系统正常调节。

（3）规范工作流程，认真执行“两票三制”，对设备的检查、操作到位；提高运行值班员的运行经验和事故处理能力；对存在隐患的设备、异常工况先消除，再进行下一步工作。

[案例31] 中压主汽门泄漏停机

一、事件经过

2010年2月24日，机组“一拖一”运行，AGC投入，总负荷为360MW，1号燃气轮机停运、2号燃气轮机负荷为253MW、3号汽轮机负荷为107MW。6：00，1号燃气轮机启动并网，当机组总负荷升至600MW、汽轮机负荷为190MW时，汽轮机中压主蒸汽压力由1.2MPa升至2.1MPa（机组正常运行时，再热主蒸汽压力在2.2～2.5MPa之间），运行巡检发现3号汽轮机右侧中压主汽阀保温吹破，并伴有刺耳的漏汽声。

经过检修人员现场检查，确认为右侧中压主汽阀顶盖法兰处蒸汽外漏。泄漏状况比较严重，无法进一步拆除保温进行确认，汇报调度。2010 年 2 月 25 日 1：30，接调度令机组停运。

二、原因分析

停机冷却后对中压主汽门进行解体过程中发现阀盖连接螺栓紧固程度不够。解体检查后，阀体未发现裂纹、砂眼、沟槽等缺陷。但是，密封垫片因成形时石墨与钢芯挤压不好，致使在厂家装配时，存在石墨掉落现象，经过一段时间运行后，蒸汽从缺陷处漏出，最终将大量石墨吹出，导致泄漏量增大。密封面局部位置出现的漏汽冲刷的痕迹如图 2-1 所示。

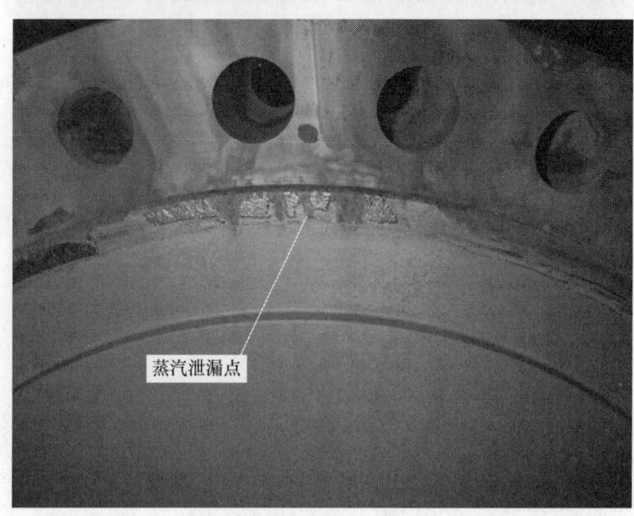

图 2-1　密封面局部位置出现了漏汽冲刷的痕迹

根据故障检查结果，本次故障阀盖泄漏的原因是由于密封垫质量存在缺陷，长期运行后损坏导致。

三、防范措施

（1）选择并更换设计更加合理，质量更好的密封垫。

（2）利用机组检修的机会，对高温高压阀门的螺栓紧力进行检查，必要时进行热紧，同时对同类型密封垫进行排查。

（3）加强安装或检修后设备质量验收，严把质量关。

（4）加强设备维护管理，在计划检修安排中要对重要阀门密封进行检查。

（5）加强密封件备件台账管理，避免材料和等级使用错误，与物资部门一同做好密封垫采购质量控制，确保不因密封垫质量问题发生事故。

[案例 32] 低压与中压排汽温差大保护停机

一、事件经过

2010 年 4 月 13 日，1、3 号机组纯凝工况运行，总负荷为 350MW，1 号燃气轮机负荷为 231MW，3 号汽轮机负荷为 119MW，AGC 投入。10：50，3 号机组突然跳闸，甩负荷到 0，发电机跳闸，联跳 1 号燃气轮机。

二、原因分析

故障发生后，经过分析，认为本次故障停机的原因如下：

（1）汽轮机在设计制造上存在缺陷，安装后 1 号瓦一直振动大，多次经过电科院、设备制造厂及其他专家分析，加配重处理后，振动相对稳定，但仍偏大（130μm），振动随供热抽汽的增大而降低，机组退出热网后，在负荷等其他扰动影响下，振动不稳定等是本次故障的根本原因。

（2）机组调试过程中，余热锅炉低压补汽与中压缸排汽温差大，按照厂家说明书要求无法投运。公司经与电科院讨论、制造厂同意后将低压补气投入条件温差 42℃改为 80℃，投入低压补气。本次机组启动后，负荷为 350MW 时投入低压补汽，低温的低压补汽引发汽轮机中压外缸膨胀不均匀，造成 1 号瓦振动大跳机。

（3）汽轮机在小修时，为防止轴封蒸汽进入油系统，1 号瓦轴封间隙调整为规范下限。1、2 号瓦新加轴封体阻汽片、1 号轴承箱外新增油挡阻汽片。以上工作在其他诱因下引发汽轮机振动大。

三、防范措施

（1）继续联系电科院、制造厂探讨研究 1 号振动偏大的解决方案。

（2）拆除技改加装的辅助油挡，避免机组碰磨振动的可能性。

（3）查找并处理低压补气温差测点不正常的问题，主要排查是否存在汽缸夹层、平衡孔漏气导致中压排气温度不正常升高的原因和其他原因。

（4）讨论优化燃气轮机跳闸逻辑，在保证机组安全的条件下，汽轮机跳闸后，燃气轮机能够继续运行。

（5）参照厂家说明书、总结运行经验，制定低压补气的投运规范，补充和完善《运行规程》。

（6）完善设备异动管理规定，并严格执行。

［案例33］汽轮机振动测量卡件故障停机

一、事件经过

2010年11月12日上午10：00，某厂1、2号燃气轮机拖3号汽轮机带供热稳定运行，机组总负荷为729.52MW，1号燃气轮机负荷为247.19MW，2号燃气轮机负荷为247.06MW，3号汽轮机负荷为240.4MW，热网热负荷为300GJ/h。10：15：48，3号汽轮机突然跳闸，1、2号燃气轮机联跳。

机组跳闸后，运行人员对机组进行检查，汽轮机全部汽门关闭，转速下降，运行人员对汽轮机进行破坏真空停机（根据2010年10月汽轮机检修后高速动平衡试验中不破坏真空正常停机过临界时汽轮机1号和2号瓦轴振值超出跳闸值250μm，为防止发生设备损坏事件规定），汽轮机交流润滑油泵、顶轴油泵联启正常，汽轮机过临界转速区域后恢复真空。10：38，1、2号燃气轮机惰走至35r/min，盘车投入。10：50，汽轮机转速惰走至0，投入盘车。

二、原因分析

机组跳闸后检查发现，ETS系统振动大跳闸报警灯闪烁，EH油压低、真空低、燃气轮机跳闸报警灯常亮，确认报警首出是振动大跳闸。检查汽轮机振动历史曲线，跳闸前2min时间段内汽轮机最大振动为180μm，没有任一振动探头达到跳机值，见图2-2。

检查汽轮机TSI系统事件记录，仅振动测量5号卡、2号卡通道有alarm（报警）输出，继电器输出11号卡、2号卡只通道有跳机输出，持续600ms后自动恢复［汽轮机振动逻辑为同一轴上的振动报警值和振动跳机值同时到达延时1s后保护动作。例如，5号测量振动卡的1号通道为1X探头输入，2号通道为1Y振动探头输入，当且仅当1X发出alarm且1Y发出danger（危急报警）时或1X发出danger且1Y发出alarm时继电器输出卡才会输出跳机信号］。

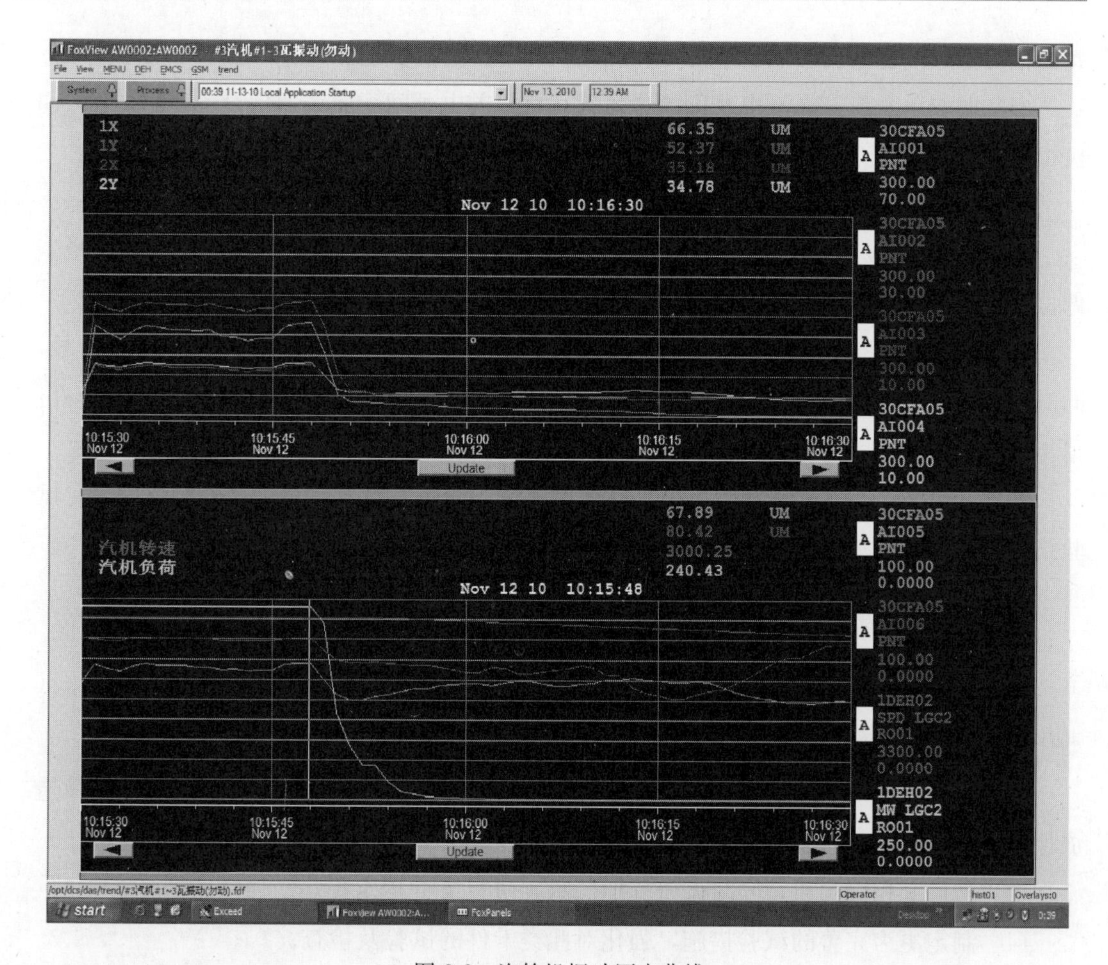

图 2-2　汽轮机振动历史曲线

据 TSI 系统事件记录器记录，跳闸前 5 号卡的两个通道均到达了报警值，但均未到达跳机值，不构成保护动作条件。但 TSI 振动大跳机输出卡件在振动没有满足跳机条件的情况下输出了跳机信号，持续时间仅为 600ms 的脉冲，此信号直接通过硬接线发出跳机指令，但此动作属于非正常动作（正常振动保护动作后会进行自保持，输出长指令），且测量卡件并未发出跳机逻辑，因此，此次跳机的直接原因为振动大保护误动。

振动保护误动作原因分析及结论如下：

（1）检查 TSI 振动跳机组态逻辑，1～6 号瓦振动保护均为同一瓦上的 X 向达到报警且 Y 向达到 250μm 或 Y 向达到报警且 X 向达到 250μm 延时 1s 发出振动大跳机指令；确认逻辑组态正确，排除逻辑因素。

（2）检查 TSI 事件记录，未见发出轴振 danger 报警信号，TSI 振动测量卡件状态均正常无故障报警，调取 DCS 轴振曲线，最大轴振 1 瓦 X/Y 向均未超过跳机定值。由此排除跳机信号由测量卡发出的可能性。

（3）检查 TSI 事件记录，轴承振动大继电器输出卡于 10：15：48 发出跳机信号 600ms 后自动恢复，可以确认该信号为导致跳机的直接原因，因测量卡件未发出信号，故判断振动大继电器输出卡输出信号为外扰或卡件自身内扰引起。

（4）调取事发前15min电子间录像，确认跳机前电子间无无线通信设备使用，且TSI机柜附近无人工作，排除外扰因素。

（5）跳机后更换振动输出卡件并做如下试验：

1）使用信号发生器模拟振动大保护。试验结果表明，当模拟信号不足1s时，测量卡件振动大跳机信号及振动大跳机输出信号均未触发。

2）模拟信号超出1s后，1X/Y发alam1及alarm2报警，即测量卡件输出跳机信号，同时输出卡件发出跳机指令，且不能自动复位。对比跳机事件记录及传动试验记录，可得出结论，跳机原因为振动大输出卡件自身故障引发。

（6）TSI振动大保护触发后必须手动才可复位，而引发跳机信号为自动复位。综合试验结果，可判断跳机原因为振动输出卡件自身故障引发。

三、防范措施

（1）更换跳机输出卡件及同类型卡件共3个，对新卡件模拟保护动作条件，检查卡件动作情况，确认卡件工作正常。

（2）将同一瓦X和Y两个方向的轴振保护分别由两个卡件控制，防止因卡件故障造成保护误动。

（3）与厂家积极沟通，同时调研其他厂家，研究TSI单卡损坏防误动的措施。

（4）制定更为完善的试验措施，强化对此类卡件的试验及检查。

（5）热工人员加强对TSI卡件及类似设备的培训。

[案例34] 高压旁路阀卡涩故障

一、事件经过

2009年6月16日23：50，某厂1号机组停机过程中，负荷降至160MW时，高压旁路、中压旁路手动和自动均无法开启，立即开启炉侧、机侧所有疏水阀、电磁泄放阀泄压，机组安全停机；23：57，机组负荷为60MW，高压旁路阀开启，而中压旁路阀始终未开启；01：31，检修告知：高压旁路阀动作不正常，暂无法处理。

二、原因分析

经检查该事件由于高压旁路阀卡涩所致。高压旁路阀长期在高温高压的环境中工作，而且机组每天启停温度和压力变化较大，工作条件比较恶劣，长期运行，阀座和阀芯之间的间隙可能增大，容易发生卡涩现象。

三、防范措施

高压旁路阀卡涩后，如果得不到及时处理，锅炉压力会持续升高，进而引起锅炉高压系统安全阀动作。若高压旁路阀突然开启，高压主蒸汽压力突降，会导致高压汽包水位高跳闸，同时会引起中压旁路阀快速开大，可能导致中压汽包水位高高跳闸。因此，启停机过程中，必须严密监视高、中压旁路阀动作情况。出现此类事件时，首先防止设备损坏，防止机组非正常跳闸，保证机组安全停机。具体措施如下：

（1）启机过程中若出现卡涩，在未并网前应选择停机，并交检修处理；若已并网，应手动降负荷至初始负荷，视情况开启各疏水阀、PCV 阀泄压，并通知检修处理，通过手摇等方法使其恢复正常。

（2）停机过程中若出现卡涩，应立即开启各疏水阀、PCV 阀泄压，必要时可以在电子设备间点动对空排汽阀，并通知检修处理，若锅炉压力过高可采用 GCB TRIP（发电机跳闸）按钮将机组解列。一般情况下，此时负荷已经较低，告知中调正常解列即可。

[案例 35] 中压旁路阀动作异常

一、事件经过

（1）2008 年 2 月 26 日，某厂 2 号机启动过程中，中压旁路阀动作异常，在汽轮机进汽前该阀开度突然由 16%开到 59%，当班人员立即将中压旁路切至手动操作，调整中压主蒸汽压力，限制了中压汽包水位的波动幅度，避免了机组可能因中压汽包水位高而跳机。

（2）2010 年 12 月 03 日 06：45，2 号机 78MW 暖机，由于汽轮机中压旁路阀开启速度明显异常变慢，导致中压汽包水位异常波动，2min 内中压汽包水位从－144mm 上升到＋163mm（已接近跳机值＋200mm），立即开启中压汽包各疏放水阀，手动将中压旁路阀全关，调节汽包水位等参数至正常值，并继续手动操作中压旁路，直至启机完成。停机时中压旁路自动动作正常，需要进一步观察处理。

二、原因分析

根据现场检查情况分析，事件（1）是由于中压旁路阀存在轻微卡涩所致，事件（2）是由于中压旁路阀的定位器故障所致。

三、防范措施

当中压旁路阀动作异常时，应立即切至手动控制。而且很多时候是由于高压旁路阀的突然开、关导致中压旁路阀突然动作，这种情况下也需要将高压旁路阀切至手动操作。避免中压汽包水位剧烈波动导致跳机。

[案例 36] 控制油泵电流异常

一、事件经过

(1) 2010 年 3 月 21 日，某厂 3 号机更换控制油泵 A、B 出口滤网后启动，A 泵运行电流为 43A，B 泵运行电流为 45A，均较之前大 7A 左右，且 A 泵出口压力同前几天比也有下降趋势（下降 0.4MPa 左右）。

(2) 2010 年 4 月 12 日，对 3 号机控制油系统更换了 IGV、燃烧器旁路阀、值班燃料流量控制阀和主燃料压力控制阀 A、B 的电液伺服阀，启动控制油 A 泵电流为 38A，供油压力为 11.81MPa，基本恢复到异常前的状况，但之后几天运行中电流略有增大。4 月 20 日，3 号机控制油泵电流仍逐渐增大，最高接近 50A（正常运行时为 30A 左右），5 月 1 日，再次更换 IGV、燃烧器旁路阀，机组运行时电流下降至 32A 左右。

二、原因分析

经过分析，确认是由于控制油再生回路硅藻土过滤器过滤效果不好，而且长期运行硅藻土本身也会产生杂质，甚至堵塞了部分电液伺服阀，从而导致控制油泵电流增长。

三、防范措施

另外增加控制油再生装置，原来的硅藻土过滤器的滤芯抽出不用。

[案例 37] 顶轴油管接头漏油故障

一、事件经过

5 月 28 日，某厂升压站 20kV 1M、2M 通过母联开关 2012 合环运行；南 X 甲线 2815 挂 220kV 1M 运行、南 X 乙线 2816 挂 220kV 2M 运行；9B 启备用变压器挂在 220kV 2M 带厂用电运行，01 号高压厂用变压器空载备用；3、4 号机满负荷运行，1 号机 102MW、2 号机 58.2MW，1、2 号机备用。08：04，运行人员发现 4 号机 3 号瓦顶轴油管接头呈雾状喷油，值长现场确认后，向中调申请停机处理。

08：35，转速至 1300r/min，2 号顶轴油泵自动投入，漏油量加大；08：43，润滑油箱液位开始由－63.35mm 下降；09：08，转速至 0，停运 2 号顶轴油泵，此时油位稳定在－99.91mm。维持润滑油泵运行，检修开始处理漏油。09∶37，检修更换部分油管，补焊结束；投运 2 号顶轴油泵，检查不漏油，投运盘车，挠度为 10 丝。09∶44，3 号机发启动令；10∶02，点火；10∶12，并网；10∶33，4 号机并网；10∶44，升至满负荷。4 号机带满负荷后检查发现 3 号瓦顶轴油管振动频率高，振动大。12∶34，发现 4 号机 3 号瓦顶轴油管接头开始渗油，立即通知运行人员赶到现场，用布条固定顶轴油管，振动减小，漏油量呈线型减少，没有扩大的趋势。

二、原因分析

分析认为，顶轴油管振动频率高、振动大是造成漏油的直接原因。

三、防范措施

加强巡视力度；固定顶轴油管；如果漏油点不能控制，作停机处理。

第三章 发电机及电源系统

[案例38] 中性点电流畸变跳机

一、事件经过

2007年7月14日，某厂1号燃气轮机组负荷为250MW，发电机参数正常，机组其他参数正常。09：42，1号燃气轮机TCS发“发电机保护跳机”信号，燃气轮机事故停机。现场检查为发电机-变压器组保护B屏STAOR DIFFERENTIAL（87G）保护动作，出口跳TURBINE、01开关和励磁开关（差动保护动作）。

停机后对装置及回路进行以下检查：

（1）检查TA外回路三相直阻平衡，接线端子连接可靠。

（2）进行通流试验，校验B屏差动定值动作正确，采样正确。

（3）一次绝缘为60MΩ，合格。

（4）调取B屏录波图，发现动作前中性点电流产生明显畸变。

（5）在当天事件记录里保护屏和7月7日A、B保护的事件记录里均发现电流不平衡现象。

二、原因分析

经上述检查分析，外回路和一次部分基本可以排除，装置动作行为正确；经与厂家沟通，根据事件记录认为事故原因是发电机中性点的电流采样出现畸变，造成差流越限，保护动作。经厂家确认后更换此模块，进行通流试验后投入运行。

三、防范措施

（1）向设备厂家求证TV电缆屏蔽层接地的位置，等待接地方案的落实。

（2）GE公司G60保护装置出现过一次误动，考虑运行的稳定性，利用检修时间更换保护装置。

[案例39] 发电机励磁系统故障机组停运

一、事件经过

5月20日某厂“二拖一”机组正常启动，10：52，汽轮机冲车，3000r/min定速，联系运行值长检查起励M2控制板及其对应EMIO板故障，当发电机端电压升高到额定电压时，汽轮发电机机组5号轴承振动大（X向为231μm，Y向为222μm），运行人员手动打闸，汽轮机止速后投盘车。11：00，厂家进一步检查功率柜内主设备，发现第三组可控硅击穿、烧损，第一组可控硅熔断器熔断两只。更换可控硅熔断器。17：40，联系运行值长手动调整励磁，发电机升压至额定电压正常。观察5min，系统稳定，联系运行并网。17：50，3号汽轮机并网成功，汽轮发电机组5号轴承振动正常（X向为30μm，Y向为40μm）。

二、原因分析

（1）初步分析认为励磁系统部分可控硅击穿烧损是造成此次汽轮发电机组跳闸事故的主要原因。同样击穿烧损可控硅的事件在以前1号燃气轮机的调试过程中也发生过。

（2）可控硅击穿后，5月20日在起励系统检查中，励磁电流交流分量进入直流系统，产生高次谐波，导致转子直流磁场偏移，引起5号轴承振动大。

三、防范措施

（1）联系厂家提供可控硅烧损原因的分析报告。

（2）电气人员根据分析报告采取相应的防止措施。

（3）落实公司《隐患排查制度》，及时发现并整改类似隐患，保证机组安全运行。

[案例40] 380V电源MCC段失电事故油压低跳机

一、事件经过

2008年8月12日，某厂1号机组运行正常，负荷为333MW，AGC投入。10：59，1号燃气轮机单元室TCS发“380V AC MCC母线电压超量程”“控制油泵异常”报警信号。检查TCS画面控制油A、B泵，真空泵密封水A、B泵，TCA（转子冷却）风机A、B、C风机闪烁，检查DCS电气画面，MCC 315开关掉闸，MCC 316开关在分位。远方手合MCC 316开关，开关画面无反应；同时派人到就地检查MCC 315开关、MCC 316开关。11：02，TCS发“事故油压低跳机”报警信号，1号燃气轮机跳闸。

二、原因分析

（1）1号燃气轮机380V主厂房PC段MCC 315开关因保护控制单元接地保护动作跳闸，MCC 316开关自投后也发生接地保护动作跳闸，由于MCC 315开关、MCC 316开关保护跳闸后将合闸回路机械闭锁，远方手动合闸不成功，导致燃气轮机380V MCC段失电，使380V MCC段所带的两台控制油泵失电，造成控制油压低，1号燃气轮机跳闸。

（2）设备运行方式不合理。燃气轮机380V MCC母线为单母线，控制油泵A、B失电会造成燃气轮机跳机，但均接于一段母线上，一旦母线失电，直接导致燃气轮机跳机。

（3）经查看现场DCS调出的事故追忆，燃气轮机380V MCC段MCC 315开关跳闸前后，运行人员未进行过设备启停操作，设备也没有发生过自动切换操作。根据现场对二次设备的检查和保护试验结果，保护控制单元定值正确，保护传动结果正确，判断保护控制单元本身无问题；根据现场对一次设备的检查和保护试验结果，一次设备绝缘良好，未发现明显接地点。在MCC 315开关跳闸前1s，MCC 315开关三相电流大约在80A左右，而MCC 315开关保护控制单元接地保护动作值为300A，初步判断一次设备出现如此大的不平衡电流的可能性很小。

结合厂家意见，经与电科院专家研究讨论，初步判断本次事故的主要原因为MCC 315、MCC 316开关装配Mic 6.0A保护控制单元，但开关N相未装设接地和中性线保护用的外部TA，可能由于燃气轮机MCC段带的某一负荷发生瞬时接地，触发开关接地保护动作，造成MCC 315开关跳闸，MCC 316开关自投后跳闸，使1号燃气轮机380V MCC段失电，进而造成1号燃气轮机跳闸。

三、防范措施

（1）考虑燃气轮机380V MCC段母线上所有馈线都装配了Mic6.0A保护控制单元，且Mic6.0A保护控制单元均具有过流和速断保护功能，由于馈线都很短，一旦发生接地故障过流和速断保护可以正确动作，切除故障。因此，经与开关厂家、设计院、电科院分析沟通，对燃气轮机380V MCC段母线上12条安装有Mic6.0A保护控制单元的接地保护功能进行了屏蔽，计划利用燃气轮机检修机会完善接地保护功能。

（2）开关订货时，在设计联络会上厂家未能对设备性能进行正确描述，使得开关本体配置保护不合理。加强订货管理以及与厂家沟通工作，从设备订货、设备安装、设备调试作到全程监控。

（3）加强基建期间技术管理工作，生产技术人员在设计阶段提前介入，参与设计方案的讨论与审核，确保方案满足运行方式可靠性和设备检修需求。

（4）联系开关厂家，弄清开关保护装置的接地保护计算原理。

（5）加强培训力度，提高生产人员的技术水平。

（6）提高对低压厂用电系统的重视，加强对低压厂用电系统设备管理，完善定期录波和定期校验工作。

（7）组织专业人员论证厂用电系统分段运行方案的可行性和必要性、目前1号燃气轮机低压厂用电负荷分配情况和改造初步方案，得到设计院和电科院的认可，认为具有可行性，目前此改造方案已委托设计院设计，争取利用燃气轮机检修机会进行改造。

（8）由于燃气轮机MCC段带有交流220V负荷，C检期间检查交流220V负荷回路。

（9）发电部根据现有运行方式明确电源开关跳闸后的处置原则。

（10）公司组织专业技术人员修订系统图和运行、检修规程。

[案例 41] 继电保护装置动作机组停运

一、事件经过

2009 年 2 月 19 日 21：00，某厂“二拖一”机组运行，2 号燃气轮机负荷为 210MW，3 号汽轮机负荷为 94MW，热网供热负荷为 380GJ/h，1 号燃气轮机备用，机组 AGC、CCS 均退出。21：05，2、3 号机组突然跳闸，2 号主变压器高压侧开关 2202 跳闸，6kV Ⅱ段经快切倒至启动备用变压器带。2 号燃气轮机 MARKVI 报警：“Lockout trip（from customer）（master）；unit trip via 86G-1A，1B lockout relay；line breaker tripped”（机组跳闸；发电机 A/B 柜保护动作；线路跳闸）。DCS 光字牌报“2 号发电机出口 802 开关跳闸，6kV Ⅱ段工作电源开关 6202 跳闸，3 号汽轮发电机组 2203 开关跳闸，3 号发电机保护 C 屏触发告警信号，3 号发电机-变压器组保护 C 屏触发动作信号。电子间 2 号主变压器高压厂用变压器保护 A 屏报“主变压器差动”，2 号主变压器高压厂用变压器保护 C 屏报“系统保护联跳”。NCS 报“2 号燃气轮机发电机保护 A 屏动作，2 号燃气轮机主变压器高压厂用变压器保护动作”。运行人员按紧急停机程序安全停机，查厂用电切换正常，机组润滑系统正常。

21：30，经热网调度同意停运 1 号热网循环水泵，关闭出入口电动门，退出热网运行。21：47，2 号燃气轮机转速为 5r/min，盘车投入。22：12，汽轮机盘车投入。23：00，运行、检修人员对 2 号发电机、2 号主变压器、2 号高压厂用变压器等一次设备进行检查未发现异常，测各设备绝缘均正常。其中，2 号燃气轮机发电机测量绝缘为 600MΩ，2 号主变压器绝缘 A＝无穷、B＝无穷、C＝无穷、2 号高压厂用变压器绝缘 A＝989MΩ、B＝1000MΩ、C＝1000MΩ。联系厂家到场处理。

2 月 20 日 05：20，厂家更换 2 号燃气轮机保护装置 DSP 新插件并做完相关测试工作，保护传动试验正常。2 号主变压器具备恢复送电条件，2、3 号机组具备启动及并网条件；05：30，2 号主变压器高压厂用变压器送电正常，6kV Ⅱ段恢复正常供电方式；06：18，2 号燃气轮机并网；09：07，汽轮机并网。

二、原因分析

事故发生后继电保护人员、热控人员立即对保护、自动装置及控制系统进行检查。报警信号及装置启动情况如下：

（1）2 号燃气轮机控制（MARKVI）系统。报警信号包括 1L86G1A SOE Generator Differential Trip Lockout（事故记录发电机差动保护动作）、1L86G1B SOE UNIT TRIP VIA 86G-1B LOUCKOUT RELAY（事故记录机组跳闸）、1L86G2A SOE EX AND GEN BREAKER TRIP VIA 86G-2A（事故记录励磁和发电机断路器跳闸 A 套保护）、

1L86G2B SOE EX AND GEN BREAKER TRIP VIA 86G-2B（事故记录励磁和发电机断路器跳闸B套保护）、0L52LX1 SOE Line breaker status（事故记录线路断路器状态）。

（2）2号主变压器高压厂用变压器保护A屏。报警信号包括XFMR PCNT DIFF PKP A（比例差动启动A相）、XFMR PCNT DIFF PKP B（比例差动启动B相）、XFMR PCNT DIFF PKP C（比例差动启动C相）、XFMR INST DIFF OP A（瞬时差动出口A相）、XFMR INST DIFF OP B（瞬时差动出口B相）、XFMR INST DIFF OP C（瞬时差动出口C相）、ZB-CD ON（主变压器差动动作）、BH-T220kV ON（保护跳220kV开关）、BH-Trip ON（保护跳闸）。

（3）2号主变压器高压厂用变压器保护C屏。系统保护联跳。

（4）2号燃气轮机励磁系。报警信号包括44 Trip Via Lockout 86. The 86 lockout input was detected open and the exciter was not intentionally commanding a trip（发电机出口开关接点断开，励磁调节器非正常命令跳闸）、137 Extra alarmAn extra alarm input driver by a pointer（外部故障点启动）、110 Abort stop trip A shutdown through an abnormal sequence（非正常程序停机）。

（5）2号发电机保护。报警信号包括52G/b on（发电机出口开关断开）、GEN UNBAL STG1 PKP（发电机不平衡Ⅰ段启动）、GEN UNBAL STG2 PKP（发电机不平衡Ⅱ段启动）、BLOCK ON（闭锁启动）。

（6）3号汽轮机发电机-变压器组保护。报警信号包括程序逆功率保护动作、断路器连跳。

（7）2号机组故障录波器启动，线路故障录波器启动。运行人员及电气专业人员对系统进行全面检查，未发现明显的一次故障点。公司立即组织了现场会，对以上信息及现场检查情况进行初步分析，确认此次事故为2号主变压器高压厂用变压器A屏差动保护动作，跳开主变压器高压侧2202、发电机出口802、高压厂用变压器低压侧6202三侧开关，发电机出口802开关跳开后引起励磁系统跳闸，励磁系统连跳燃气轮机发电机保护。同时，2号燃气轮机跳闸，连跳3号汽轮机。根据以上结果，立即开展以下工作：

1）进一步对系统进行排查，以确认一次设备无故障。

2）联系电科院主变压器高压厂用变压器保护调试人员咨询有关情况，了解到GE公司变压器保护装置曾经在部分电厂发生过差动保护误动的情况。

3）提取2号主变压器高压厂用变压器A屏差动保护动作记录，联系装置厂家技术人员到厂协助分析事故原因。

4）打印2号机组故障录波图与保护装置故障录波图并进行对比分析。

运行人员及电气检修专业人员对系统进行仔细排查，确认220kV电缆、主变压器高压套管、220kV支持绝缘子、220kV电缆头、主变压器高压侧导线等无故障，并测量一次设备绝缘正常。

2号主变压器高压厂用变压器保护A屏T60装置故障录波图如图3-1、图3-2所示。

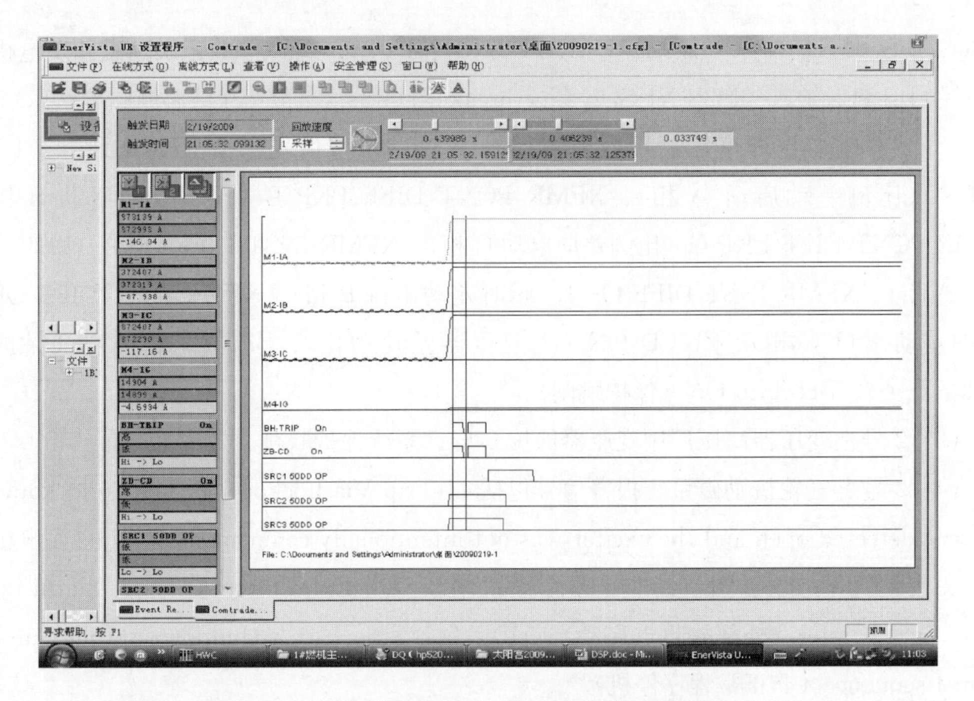

图 3-1 2 号主变压器差动保护机端电流录波图

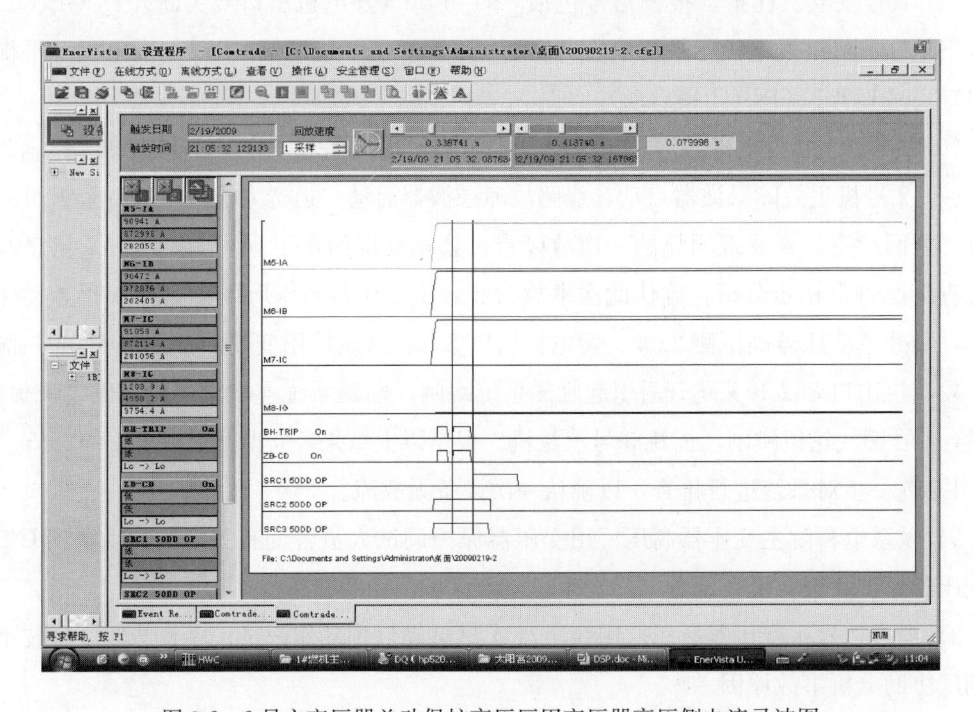

图 3-2 2 号主变压器差动保护高压厂用变压器高压侧电流录波图

从以上录波图分析，主变压器高压厂用变压器装置采集的发电机机端电流、高压厂用变压器高压侧电流突增，主变压器高压侧电流保持不变，形成差流，启动差动保护出口。保护跳闸后发电机机端电流没有消失，继续维持在高值 370kA 左右。2 号发电机机端电流及 2 号主变压器高压侧电流录波图如图 3-3 所示，2 号高压厂用变压器高压侧电流录波图如图 3-4 所示。

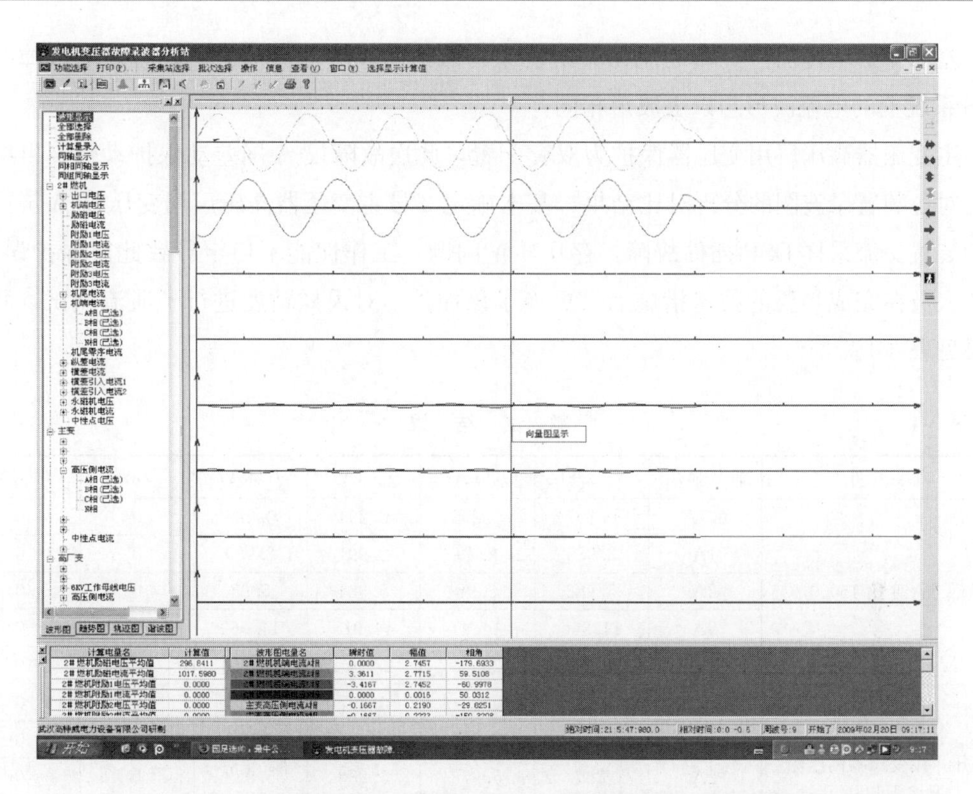

图 3-3　2 号发电机机端电流及 2 号主变压器高压侧电流录波图

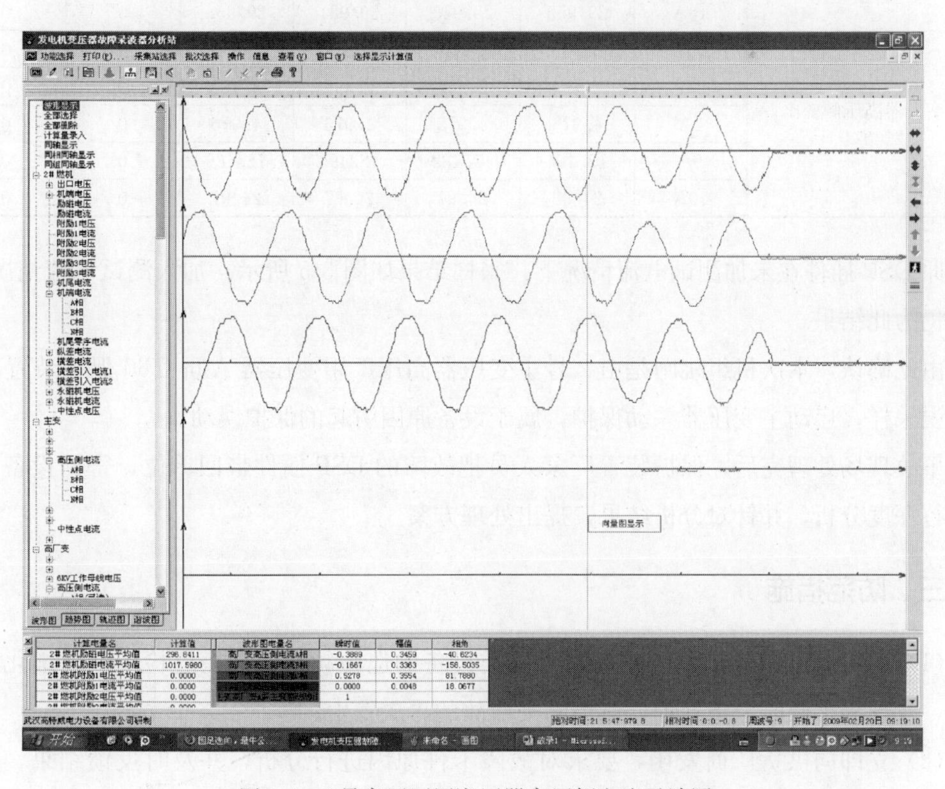

图 3-4　2 号高压厂用变压器高压侧电流录波图

差动保护动作前，三侧电流无突增现象，保护动作后电流消失。同时调取故障时刻DCS系统上的电流波形与以上波形相同。

主变压器高压厂用变压器保护为双套配置，此次故障仅A屏差动保护动作，再综合以上对各装置录波图的分析对比结果，基本确定2号主变压器高压厂用变压器A屏T60保护装置交流采样DSP插件故障，存在质量问题，工作性能不稳定导致此次保护误动。专业人员在完成必要的技术措施后，更换了该插件，对采样精度进行了通流测试，测试结果见表3-1。

表3-1　　测 试 结 果

TA组别	输入显示	I_a(kA)	I_b(kA)	I_c(kA)	I_1(kA)	I_2(kA)	I_0(kA)
机端TA变比15000/5	0.1A	0.297	0.293	0.294	0.295	0	0
	1A	2.985	2.99	2.991	2.989	0	0
	2A	5.982	5.98	5.984	5.98	0	0
	5A	14.966	14.97	14.978	14.969	0	0
	10A	29.945	29.95	29.974	29.961	0	0
高压厂用变压器高压侧变比15000/5	0.1A	0.296	0.294	0.297	0.296	0	0
	1A	2.987	2.988	2.99	2.99	0	0
	2A	5.98	5.978	5.988	5.982	0	0
	5A	14.964	14.963	14.0989	14.972	0	0
	10A	29.955	29.945	29.981	29.958	0	0
主变压器高压侧变比2500/1	0.1A	247.9	248.7	248.5	248.3	0	0
	1A	2.494	2.495	2.496	2.495	0	0
	2A	4.975	4.978	4.976	4.976	0	0
	5A	12.484	12.482	12.496	12.486	0	0
	10A	24.98	24.97	24.97	24.97	0	0

原DSP插件在未加测试电流情况下，采样结果如图3-5所示。加入测试电流情况下，采样仍为此结果。

由此确认，本次机组跳闸是由2号主变压器高压厂用变压器A屏T60保护装置DSP插件误采样，启动主变压器差动保护，属于设备原因引起的保护误动。

事故现场处理完后，保护装置厂家人员把故障的DSP插件带回单位，寄回设备生产商进行深度分析，并针对分析结果，提出处理方案。

三、防范措施

（1）运行人员和检修人员要提高对同类设备的巡检频次，缩短巡检周期，细化巡检记录，发现异常及时申请处理，避免同类事故的再次发生。

（2）立即向供货厂商发函，要求对故障卡件原因进行分析，并及时反馈结果，排查其他卡件是否存在类似隐患，以便制定防范措施。

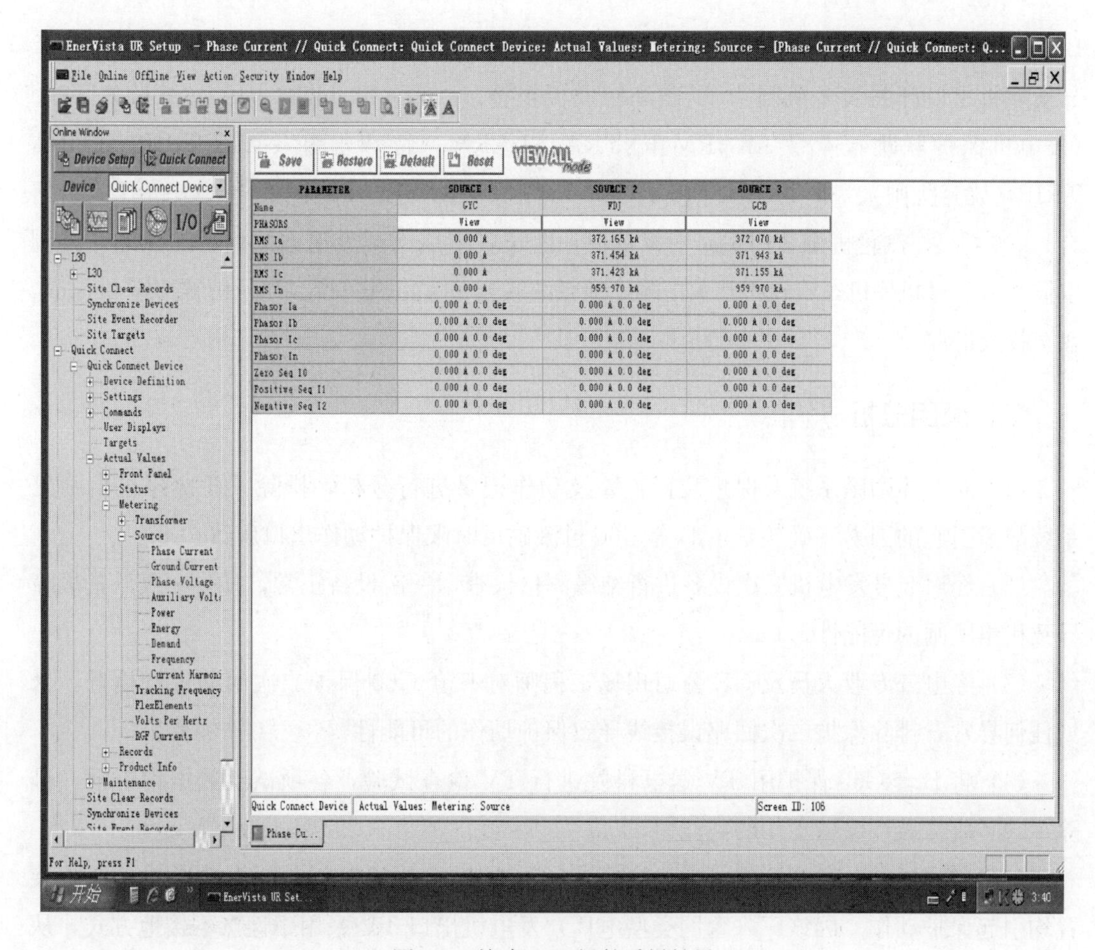

图 3-5　故障 DSP 插件采样结果

（3）检修人员加强业务培训，提高事故诊断和处理能力。

［案例 42］ 主变压器差动保护误动停机

一、事件经过

2009 年 6 月 12 日，某厂 2 号燃气轮机负荷为 184MW，3 号汽轮机负荷为 95.4MW，总负荷为 280MW，热网供热负荷为 80GJ/h，1 号燃气轮机备用，机组 AGC 投运。00：23，2 号发电机励磁电压为 263V，励磁电流为 906A，无功为 28Mvar，发电机出口电压为 15.4kV，功率因数为 0.98，励磁温度为 40.7℃，频率为 50.01Hz。00：24，2 号发电机突然解列，发电机出口 802 开关跳闸，汽轮机运行正常。运行人员就地检查发现，2 号燃气轮机 MARKVI 报“EX2K TRIP”（励磁系统跳闸）、“EX AND GEN BREAKER TRIP VIA 86G-2B”（B 套保护动作励磁和发电机断路器跳闸）、“EX AND GEN BREAKER TRIP VIA 86G-2A”（A 套保护动作励磁和发电机断路器跳闸）、“GENERATOR

BREAKER TRIPED”（发电机出口断路器跳闸）；NCS 报 AGC 退出；DCS 光字牌报“2 号发电机出口开关 802 跳闸”、励磁小间面板报警、44 TRIP TRIP VIA LOCKOUT86.（发电机保护联跳）、187 ALARM EXTRA ALARM（特殊告警）、110 TRIP ABORT TRIP（放弃跳闸）、85 TRIP NOT RUNNING 52 CLOSED（跳闸发电机出口开关未闭合）。00：25，汽轮机调节门关，快减负荷，值长联系热网调度退出热网；00：33，经调度同意后 3 号机停机，汽轮机转速下降，油系统联启正常，01：17，汽轮机转速至 0r/min，盘车投入正常。

二、原因分析

（1）对上述励磁系统及保护装置告警及动作记录进行分析，排除了此次停机由励磁系统故障引起的因素，确认是由 B 套 G60 过激磁反时限保护动作出口所致。

（2）经对 2 号发电机一次设备进行绝缘测量检查，一次设备正常，排除一次设备故障导致机组跳闸的可能性。

（3）经电气专业人员及 GE 公司现场工程师对 B 套 G60 保护二次回路进行检查，未见任何异常，排除保护二次回路误接线导致保护动作的可能性。

（4）将 B 套 G60 保护用 TV 送电科院进行 TV 检查试验，各项试验数据均正常，排除了 TV 故障导致保护动作的可能性。

（5）对同样设计和配置的 A、B 两套 G60 保护进行对比分析，同样波形加入保护装置均引起保护动作。因该厂（含同类型电厂）发电机出口 TV 采用中性点不接地方式，从原理上不能避免谐波分量的出现。

（6）通过对保护装置试验，确认过激磁保护采用未经滤波的相电压为判断量。通过对 B 套保护动作时录波的谐波进行分析，含有大量的二、三次谐波，是导致波形畸变、进而引起保护动作的主要原因。若保护装置采用线电压，从原理上就可以有效抑制谐波分量，则不会引起保护动作。

综上所述，此次保护动作出口是由于 G60 保护装置中的过激磁保护原理不完善，存在设备固有缺陷造成的。

三、防范措施

（1）向 GE 公司提出要求，修改 G60 过激磁保护所采用的电压源，由单一选择相电压输入改为可供选择的相电压、线电压输入。从原理上避免谐波对保护装置的影响。

（2）进一步分析燃气轮机发电机机端 TV 一次侧中性点不接地运行方式对机组安全运行的影响，更换一组备用发电机出口 TV（已送电科院试验，结果优良）。

（3）在保护逻辑未修改完成前，按照 GE 公司建议，采取临时措施，在发电机出口 TV 二次侧增加一组消谐辅助 TV。

（4）更换 B 套 G60 保护装置电源、采样卡件（DSP 卡），进行采样、传动试验正常。

（5）加大对电气设备的排查力度，找出设备存在的安全隐患，特别是检查现场所用保护各卡件运行状态，并补充必要的备品备件。

（6）进一步加强对现场设备的管理和治理工作。在加强人员专业技能培训的同时，进一步熟悉与掌握现场设备，力争做到从工作原理、设备性能上全面掌握设备。

[案例 43] 电动机风机叶片损坏

一、事件经过

2009 年 7 月 23 日，某电厂“二拖一”机组 1、3 号机运行，总负荷为 290MW，供热负荷为 80GJ，机组 AGC 投入。08：13，监盘人员发现，8 号机力通风塔风机电流从 270A 降至 83A，立即派巡检员就地检查。检查发现循环水配电间 8 号机力通风塔风机开关处电流约为 87A，判断为电动机空载，怀疑电动机与风机轴系脱开；08：25，停运该风机。

二、原因分析

08：30，专业人员进入 8 号风机内部检查发现，8 号风机的 3 片叶片有不同程度损坏，有 2 片已经掉落在收水器上，其中一片叶片在距叶根固定件 2cm 处折断，另一片叶片固定件螺栓折断，固定件螺栓为新口，整片叶片掉落在落水板上；现场另有一片叶片从中间部位裂开，搭落在传动轴上；风机传动轴在风机外护板处被叶片刮损断裂，减速箱钢管油管路遭到撞击后发生弯曲，在与齿轮箱连接处开缝，齿轮箱中润滑油外漏，污染了下部的支撑梁面和落水板；在 SIS 系统（厂级监控信息系统）上查得，该风机于 08：02 电流突然下降到空载电流运行，风机轴振由 8mm/s 突然上升到 19mm/s 后瞬时降到 0，08：25 停运，电动机电流和振动在 08：02 前无大幅波动现象。

经分析发生此次故障的原因为 8 号风机第一片叶片（序号 31A）的 U 形固定螺栓发生疲劳断裂，叶片脱落，并将另外 2 片叶片（按转动方向顺序，序号分别为 32A、33B）损坏，损坏的叶片变形将传动轴刮损，减速箱油管路遭到撞击后弯曲，减速箱漏油。

三、防范措施

（1）增加机力通风塔所有风机叶片 U 形螺栓固定并帽，增加止退垫片，防止螺栓运行中松动。

（2）严格执行风机叶片固定 U 形螺栓的检查周期，定期进行检查，防止螺栓松动。

（3）检查 8 号风机叶片固定座下齿轮箱，并更换紧固固定螺栓，确保工作正常。

（4）清理漏油污染的梁面和落水板，排除火灾隐患。

（5）运行人员认真监盘，及时发现并处理转机的异常情况。

[案例44] 励磁电刷故障导致机组失磁跳闸

一、事件经过

2010年2月20日，机组“二拖一”运行，AGC投入，总负荷为680MW，1号燃气轮机负荷为243MW，2号燃气轮机负荷为243MW，3号汽轮机负荷为197MW，热网流量为4600t/h，热负荷为1100GJ/h。10：37，主控监盘发现1号燃气轮机MARK6报M1 Field Ground Fault Trip（M1故障跳闸）、M2 Field Ground Fault Trip（M2故障跳闸）、C_Abort stop trip（失磁跳闸）、C_Field Ground Fault Trip（励磁磁场故障跳闸）、1号燃气轮机发电机解列至燃气轮机全速空载，AGC退出，总负荷突降至433MW后缓慢下降至351MW。

经市级调度同意后2号燃气轮机“BASE LOAD”，将“一拖一”总负荷带至365MW，监盘人员将汽轮机高、中压主蒸汽调节门综合阀关至80%，调整2号炉汽包水位稳定，降低3号热网循泵勺管开度，将热网流量由4600t/h快速减至2600t/h，热负荷由1100GJ/h降至520GJ/h后热网稳定，手动关闭1号机高、中、低压主蒸汽电动关断阀，同时手动开高、中、低压旁路调节门，维持1号炉高、中、低汽包压力水位稳定，关小辅助蒸汽至采暖供汽调节阀，维持辅助蒸汽联箱压力稳定。11：08，1号燃气轮机转速降至598r/min，燃气轮机熄火，停1号增压机。

二、原因分析

2月20日10：37，电气值班人员接通知后速到现场，根据报警信息对1号燃气轮机发电机系统进行检查，自励磁小室观察孔观察发现1号燃气轮机电刷严重烧损，通知值长停燃气轮机做进一步检查。检查情况如下：

（1）MARK6首发报警：M1 Field Ground Fault Trip（励磁M1控制器接地故障跳闸）、M2 Field Ground Fault Trip（励磁M2接地故障跳闸）。

（2）1号燃气轮机励磁系统报警（M1、M2相同）：19 Alarm Gen AC Gnd Flt Alm；22 Trip Gen AC Gnd Flt Trip（The generator Field Ground Detector has identified the resistance is below the allowable limit）（发电机接地检测装置确认接地电阻已低于设定的跳闸允许值）、27 Diag Gen Neg Bus Ground（The generator Field Ground Detector has located the problem on the negative bus，发电机接地检测装置定位故障于负母线）、187 Alarm Extra Alarm；110 Trip Abort Stop Trip；85 Not Running 52 closed（特殊光警，跳

闸发电机出口开关未闭合）。

（3）励磁电流、励磁电压数据：据SIS上显示，励磁电流事故前均衡稳定在1200A上下，与2号燃气轮机对比无明显差别，且与历史数据比较无明显上升趋势。故障前1min有两次幅值较大的下降恢复的波动，后直线攀升至1336A回落，15s后开始直线下滑，又经2s左右降至0A。励磁电压在解列灭磁前无明显异常。据故障录波器数据，励磁电流在灭磁后有向下波动恢复过程，后直线下降至0。励磁电压在解列灭磁前无明显异常。

（4）励磁小室空间温度测点数据：经检查故障前曲线，事故前数据一直稳定在45℃左右，在故障停机前15min由45℃缓升到60℃，故障停机前30s急速升到113℃。

（5）燃气轮机盘车投入，办理工作票打开检修侧盖，打开励磁小室外端盖，将正、负极电刷及刷架取下，发现有励磁电刷环火迹象，6组刷握烧损严重，励磁电刷碎裂脱落，部分刷辫烧断。集电环表面颜色改变，出现划痕，局部有熔点，如图3-6～图3-10所示。

图3-6　转子负极6组共24只电刷已全部烧毁

图3-7　负极刷握过热烧损严重

（6）经对烧损及完好的电刷及刷握进行检查，并结合各项数据，分析本次故障的原因为部分刷握紧扣存在问题。具体分析如下：

图 3-8　负极集电环过热烧损痕迹严重

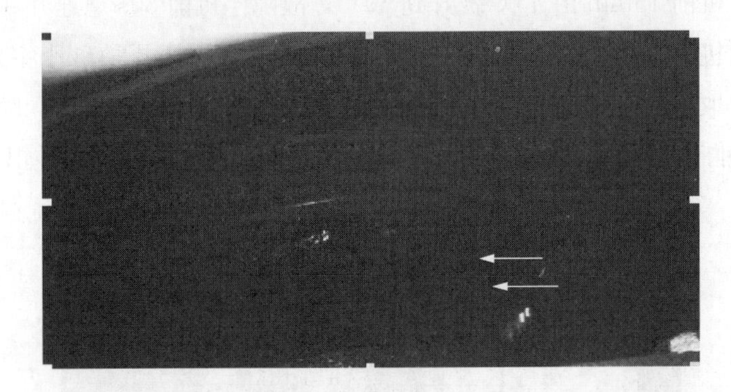

图 3-9　伴有对轴承端盖放电现象

图 3-10　电刷上发现卡槽

1）按照装配要求，刷握锁紧扣必须与电刷有 1mm 以上间隙，以保障在电刷受到切向力时不会紧压在缩紧扣上，电刷在恒压弹簧的作用下可自由跟随磨损下移。在拆下的电刷中发现有部分电刷与锁紧扣间隙不够，接触部分有很明显的卡槽。在这种情况下，就可能在运行中电刷受切向力与锁扣压紧，电刷受阻力不能自由跟踪电刷磨损下移，磨损后的电刷不能与集电环紧密接触，接触电阻增大，导致电刷及集电环表面过热及拉弧，造成电刷和集电环不同程度的损坏。

2）1 号燃气轮机励磁发电机刷握紧扣，在安装过程中安装工艺不良，造成握紧扣与电刷间隙不够。

三、防范措施

（1）加强设备维护管理，对检修后的设备严把验收关。更换电刷时控制握紧扣与电刷间隙在1mm以上，并且多次在滑杆上滑动，确保无卡涩后再安装到发电机上。

（2）加强集电环、电刷检查和定期工作，增加定期工作项目：

1）增加对集电环、电刷区域红外成像定期检查工作。对过热电刷及时进行调整、更换。

2）缩短电刷长度检查定期工作周期至每周一次。

3）加强电刷、集电环的日常点检和定期工作，认真执行日、周、月的各项检查标准。

（3）检修期做好电刷清洁、调整和更换工作。

1）按上限执行更换电刷长度标准。

2）严格执行电刷清洁、调整、更换的工艺标准。

3）严格执行集电环检修工艺标准。

4）做好每个位置电刷的更换记录，定期进行分析并总结规律，以及早发现存在的问题。

5）加强小室通风系统检查，保证电刷、集电环清洁，得到良好冷却。

（4）改善设备运行、监测环境，以采用更多的检测手段。燃气轮机励磁小室空间较小，日常巡检查中仅能透过窥视窗进行检查，能够完成的检查项目少。为方便直观观察电刷与集电环运行状态，进行励磁小室检查窗改进的可行性论证。

（5）加强技术培训。应加强电刷更换、安装的技术培训工作，制定工艺标准，提高电刷研磨工艺水平，建立电刷弹簧压力定期抽检制度，规范设备台账管理。

[案例45] 厂用高压变压器压力释放保护动作

一、事件经过

2007年3月24日10：17，某厂1号机组停运备用，2号机组正常运行，负荷为380MW。1号厂用高压变压器压力释放保护动作，DCS上出现以下现象及报警：1号厂用高压变压器压力释放保护动作、1号机机组直流系统接地；1号主变压器高压侧开关2201跳闸；1号机6kV母线电源进线开关611跳闸；1号机6kV母线备用电源进线开关061自动合上；1号机6kV快切装置出口闭锁；380V循环水泵房MCC母线自动切换机组公用B段供电，导致2号机B循环水泵跳闸，2号机真空泵A自启；2号机负荷回切（RUN BACK）动作，2号机负荷由380MW快速下降（最低降至210MW），2号机ALR ON、AGC、一次调频自动退出；调压站2号水浴炉熄火，DCS上发1、2号水浴炉水位低报警；机组6kV自动转辅助电源时造成供热炉380V电源失压；2号供热炉压缩空气电磁阀关闭，燃油电磁阀及A2、B1、B2油枪电磁阀关闭，2号炉熄火；油区D泵跳闸，A泵联动。

二、原因分析

检查发现1号厂用高压变压器压力释放装置严重进水，检查绝缘为0，从而引起1号机110V母线接地故障，最终致使1号厂用高压变压器压力释放保护误动作，跳开1号主变压器高压侧开关2201及1号机组6kV母线进线开关611。

三、防范处理

（1）将主变压器、厂用高压变压器、启动备用变压器的压力释放保护出口改为“投信”，不跳相关设备。

（2）将循环水泵出口蝶阀控制电源由380V循环水泵房热力配电段转移至循环水泵房UPS电源供给，保证380V循环水泵房MCC段母线（为热力配电段供电）电源切换时，循环水泵出口蝶阀控制电源不断电，保证循水泵稳定运行，不发生跳泵事件。

（3）取消一台循环水泵跳闸导致机组RUNBACK逻辑。

[案例46] 柴油发电机蓄电池老化导致柴油发电机启动失败

一、事件经过

2010年10月8日05：00，做某厂在执行2号柴油发电机空载和带负荷定期试验时，发现2号柴油发电机就地启动失败，经检修人员检查后确认是2号柴油发电机蓄电池老化，启动容量不够。

二、原因分析

柴油发电机启动时作为启动电源使用，由于蓄电池老化，造成柴油发电机启动失败，保安段失去柴油发电机备用电源。

三、防范措施

柴油发电机空载和带负荷试验是检查柴油发电机是否能够正常启动运行的定期试验，在日常工作中应严格按要求执行柴油发电机的各类定期试验，发现异常情况应及时联系检修人员处理，确保柴油发电机良好的备用状态。

[案例47] 自动电压控制AVC装置故障导致电压超限

一、事件经过

2011年1月20日14：15，某厂3号机组正常运行过程中，DCS显示3号机组6kV母线电压达到最大值6.6kV（规程中规定6kV母线电压为6.0～6.3kV，最高不得超过6.6kV，最低不能低于5.7kV）。经中调同意后，退出3号机组AVC（自动电压控制），手动减励磁，降低发电机机端电压，使3号机组6kV母线电压恢复正常。

二、原因分析

经电气检修人员检查后确认，3号机组AVC装置故障，导致机组运行中AVC未能正常调节机端电压，导致相应机组6kV母线电压超限。

三、防范措施

AGC（自动负荷调节）、一次调频、AVC、PSS（电力系统静态稳定）等装置是重要的远控或自动设备，中调对上述装置的投入率、动作正确率等均有严格的考核，机组运行时均应正常投入。若因为系统或设备故障，需要退出上述装置时，应征得当值调度的同意，在消缺完成后应及时汇报中调，将装置投入正常运行方式。

[案例48] 热控卡件接触不良导致励磁开关远方无法合闸故障

一、事件经过

2007年7月25日07：35，某厂1号机组启动至转速3000r/min后，准备并网，在DCS中操作合上1号机励磁开关41E后，该开关未正常动作，励磁系统就地控制柜、发电机-变压器组保护柜、DCS等均未出现异常报警。后在励磁调节柜就地手动合上励磁开关41E正常，随后发电机并网，正常运行。

二、原因分析

检修人员检查后确认，DCS中无法正常合上励磁开关41E原因是41E合闸回路中热控IO卡件接触不良，导致DCS中41E合闸指令不能传送至励磁调节柜，DCS中无法进行操作。

三、防范措施

（1）插拔该信号卡件。

（2）在确认系统无异常的情况下，可在励磁调节柜就地手动合上励磁开关 41E。

[案例 49] 电缆破损导致定子接地跳机

一、事件经过

10 月 18 日 08：05，某厂 11 号机启动，汽轮机满足冲转条件，开始冲转；08：13，11 号机空载，执行启励升压。当机端电压上升至 9.4kV 时，机组主汽门、调节汽门关闭，机组跳闸，灭磁开关联跳。查 DCS 有“汽轮机保护全停”“灭磁开关联跳”“发电机定子 $3U_0$ 接地”报警，就地检查保护柜上有相同报警，可复归。重新合上励磁开关，汽轮机挂闸升速到 3000r/min，运行人员通知检修人员到场检查，同时进行就地检查，未发现设备异常；08：35，应检修要求再次启励，当机端电压上升至 9.4kV 时，仍发“汽轮机保护全停”“灭磁开关联跳”“发电机定子 $3U_0$ 接地”报警，现象与前次相同。检修人员测得定子接地零序电压动作值达 100V。

08：43，复归报警后，重新合上励磁开关，汽轮机挂闸升速到 3000r/min，进行手动启励试验。在就地励磁柜上选 FCR 控制，手动方式控制励磁，启励后，发电机电压快速上升到 5.0kV 左右，立即就地进行减磁操作，当机端电压降到 3.5kV 左右时，机组跳闸，定子接地保护动作，现象与前两次相同。

09：32，11 号机打闸停机。14：40 分，检修检查完毕，11 号发电机出线设备及主变压器低压侧电缆、外观均未发现异常。

14：50，10 号机启机，进行 11 号机起励试验；15：35，11 号机定速，拉开 511G，不带主变压器手动启励，发电机电压升至 3.5kV 正常；15：40，不带主变压器自动启励，发电机电压升至 12.5kV，励磁电流为 4A；15：58，11 号机带主变压器启励，定子接地动作跳机。起励初期各 TV 二次电压正常，跳机时两个 TV A、C 相对地电压为线电压，B 相对地电压为 0，跳机后测量两个 TV A、C 相有残压，而 B 相无残压。由此判断主变压器至 511G 隔离开关间 B 相电缆有故障，进行相关检查。

拆开 11 号主变压器低压侧 B 相电缆（共 6 根）连接，对 B 相电缆进行打压使其永久性击穿（2 倍耐压试验），然后测量每根电缆绝缘，试验结果，其中有一根电缆绝缘击穿，将该电缆拆除后把其他合格电缆接回 511G 。再次对 A、C 相电缆带低压侧绕组及 B 相电缆进行 2 倍耐压试验均合格。耐压试验后测量绝缘（此次用 5kV 绝缘电阻表测量），主变压器低压侧 B 相电缆为 50000MΩ，其他两相带主变压器低压侧绕组为 20000MΩ。

21：40，发启动令试机。22：30，11 号机定速，自动启励后，发电机电压为 10.6kV，励磁电压为 16.2V，励磁电流为 5.31A，定子接地零序电压为 1V，定子电流 A、B、C 相各约为 3A（当时显示 9.17/12.1/7.67A，停机时零位 6.16/9.17/4.68A）。22：35，11 号机并网带负荷正常；19 日，更换故障电缆。

二、原因分析

对故障电缆进行检查，发现该电缆在经过一控旁的电缆沟拐角处，其托槽铁板水平对接部分向上翻边，没有铆平，也没有采取垫胶皮等措施，而电缆直接摆放在突出锋利部位上面，因电缆自重长时间压迫相磨，最终导致绝缘层破损。但电缆破损后没有形成金属性死接地，因此故障时表现为当机端电压高于一定值时绝缘才被击穿，且降压后其绝缘可以自行恢复，故在本次事故的检查处理过程中停机状态下测量绝缘及直阻，均正常。

三、防范措施

（1）吸取 11 号机电缆损坏事件的教训，举一反三，立即对全产厂电缆沟内电缆摆放情况进行检查，重点为电缆沟拐角处。

（2）加强外包施工项目的工艺质量监督与验收。

（3）再次强调主设备保护退出的决定权在总工程师。当主设备保护动作后，首先通过试验确认保护装置及二次设备的可靠性，然后通过试验确定一次设备存在的问题，当上述试验不能找出故障原因时，才可向总工程师申请通过试验的办法来查找故障点。

第四章

余热锅炉系统

［案例 50］ 高压汽包水位低保护动作停机

一、事件经过

2007 年 3 月 15 日 11 时，某厂 1 号燃气轮机运行，高压给水泵定期设备轮换，由 A 泵运行切换至 B 泵运行。高压给水泵切换前机组负荷为 300MW，高压汽包水位为－5mm，A 泵出口压力为 9.08MPa，给水流量为 230t/h，高压给水泵 A 泵运行，电流为 112A，转速为 2096r/min。

11：01，启动高压给水泵 B 泵，变频器投自动，高压给水流量先大幅降低至 14t/h，再升高至 190t/h 后，回落至 120t/h 左右，约 0.5min 后开始上升，高压汽包水位逐渐降低至－208mm；此时高压给水泵 A、B 泵双泵运行，给水泵转速为 1850r/min 左右，电流为 77A（两台泵参数基本相同）。

11：04，给水流量升高至 200t/h 以上，继续倒泵操作降低 A 泵转速；B 泵转速、电流、给水流量迅速升高，汽包水位稳定在－200mm；停止 A 泵运行后 B 泵转速、电流、给水流量下降后上升，汽包水位降低至－221mm。

11：05，运行人员发现停 A 泵后汽包水位下降，再次启动 A 泵，手动将转速加至 100%，变频器投自动；此时 B 泵转速为 2400r/min，电流为 170A，给水流量为 350t/h；A 泵启动后给水流量降低至 6.6t/h，B 泵转速直接降至 1500r/min，A 泵转速启动升至 1604r/min 后降至 1500r/min，电流为 58A，持续时间从 11 时 5 分 33 秒～7 分 6 秒，汽包水位迅速降低。至 11 时 7 分，高压汽包水位低至－490mm，“高压汽包水位低”保护动作，机组解列。

二、原因分析

（1）在切换给水泵操作时，采用自动操作方式对给水流量影响较大，启动备用泵时给水流量大幅降低，尤其是在重新启动 A 泵时将转速设定为 100%，变频器投入自动，造成给水调节异常，给水流量大幅降低，汽包水位急剧下降，是“汽包水位低”保护动作停机的直接原因。

（2）运行人员在停止 A 泵运行时，未能注意到汽包水位低于正常值；发现汽包水位低再次启动 A 泵时，不清楚给水调节系统的性能，先手动将转速设置为 100%，严重干扰调节系统的调节工况，致使给水泵转速自动调节为 50%，出力不足，是主要原因。

（3）经与调试单位核实，在燃气轮机调试阶段未进行给水调节系统给水泵在自动调节状态并列运行和倒泵操作的调试工作，双泵切换过程中，自动调节性能不能满足要求，在水位下降时未能及时参与调节，是本次事故的原因之一。

(4) 运行人员在处理运行工况异常变化时经验不足，操作前没有全面掌握运行参数变化，在发现异常情况后未能采取有效手段防止运行工况恶化。

(5) 发电部在运行操作的管理上没有规范化、标准化，各值班员操作方式各异，存在隐患。

三、防范措施

(1) 在设备切换操作时可采用手动方式进行，避免在自动操作方式下因调节性能不能满足参数快速变化的要求而导致的运行工况恶化；禁止两台泵同时投入自动调整状态。

(2) 发电部细化操作管理，逐步完善操作票制度，加强人员培训。

(3) 维护部加强对设备原始资料的分析。

[案例 51] 中压汽包水位保护动作机组停运

一、事件经过

2008 年 5 月 16 日 14：11，运行人员进行 2 号炉中压主蒸汽的并汽操作，水位保护在投入状态，中压旁路自动，压力设定值为 0.65MPa，中压汽包水位自动设定值为－150mm。

14：14，当中压主蒸汽调节阀开度到 15％时，关闭了中压汽包启动排汽电动阀，这时中压蒸汽压力由 0.67MPa 上升到 0.83MPa，中压汽包水位 1min 内由－186mm 下降到－390mm，运行人员解除了中压水位自动，手动将中压给水调节阀由 30％开至 60％，此时，中压给水流量从 25t/h 升至 50t/h，中压给水母管压力从 5.2MPa 降到 4.3MPa，中压主蒸汽流量从 25t/h 降至 5t/h，而中压旁路系统也没能正常增加开度，此时水位已降至－458mm，水位保护动作，2 号燃气轮机跳闸。

二、原因分析

(1) 中压主蒸汽电动排气阀没有中停功能，不能控制压力增加速率且排气管管径较粗，关阀时间较短（中压主蒸汽排气管管径为 150mm，中压主蒸汽管管径为 200mm，排气阀关闭时间约为 20s）。

(2) 中压汽包水位测点跳变幅度过大，最大偏差值达 50mm，影响运行人员的判断。

(3) 中压汽包水位自动跟踪不良，使得水位偏离设定值较快、较大。

(4) 中压汽包容积较小，仅为 15.1m^3，对压力变化敏感。

(5) 汽包水位报警值设置不合理，如中压汽包高水位跳机值为 204mm，低水位跳机值为－458mm，而报警值为±103mm。

（6）运行值班人员经验欠缺，反应不够迅速，没有及时调整好水位。

三、防范措施

（1）优化水位自动和旁路系统的自动调整品质。

（2）对汽包水位测点重新进行调整、校验。

（3）运行人员加强参数调整，尤其是并汽过程中注意压力和水位的调整。

（4）加强运行人员技术培训，严格按规程规定的参数执行并汽操作，提高运行参数调整水平。

（5）制定防止中压汽包水位变化幅度大引发水位保护动作的运行技术措施。

[案例52] 高压汽包水位低跳闸

一、事件经过

2008年5月23日18：04，某厂在机组启动过程中，启动2号高压给水泵，手动升变频器转速设定到45%后，高压给水调节门前后差压为7.1MPa，高压给水泵变频器没有投入自动。18：27，燃气轮机发启动令；高压给水泵变频器符合条件，自动进入自动调整状态，高压给水泵转速由设定的1350r/min升至1500r/min（自动调整状态的最低转速），高压给水调节门前后差压提高至7.5MPa以上，超出表计量程；18：49，2号高压给水泵变频器自动退出自动调整状态。18：57，转速到3000r/min。19：24，并网。20：35，启动完成，机组负荷为200MW；投AGC目标负荷350MW；21：20，DCS控制盘来“高压汽包水位低报警”信号（−200mm）。巡检发现高压汽包水位低，单元长在DCS上检查高压给水系统图，发现给水调节门为100%开度，流量为0t/h，命令巡检值班工检查高压给水调整门，同时汇报值长，值长命令启动备用高压给水泵。21：22：05，主值班员将1号给水泵置手动位；21：22：09，启动1号给水泵。21：22：12，高压汽包水位低保护动作跳机（−490mm）。

二、原因分析

（1）事故时高压给水泵变频器处于手动调整状态，不能根据实际工况调整高压给水压力、流量和高压汽包水位；且转速仅为1500r/min，高压给水压力已不能满足向高压汽包供水的要求。

（2）监盘不认真，2个多小时未发现给水泵变频器转速未变化，事故前未发现高压汽包水位低报警（−200mm）等重要参数异常。

（3）没有运行分析意识，对设备自动投退逻辑及情况不掌握，操作人未进行高压给水泵变频器投入自动的操作，在机组启动后检查到给水泵变频器已投入自动，未进行分析和询问，也没有考虑到变频器自动调整可能会退出运行；机组并网前和运行中也没有检查其状态；出现汽包水位异常状况时也未进行相关检查，影响了事故处置。

（4）运行经验不足、事故处理不当，在发现高压汽包水位低于报警值－200mm时，仅查看了给水流量（0t/h）和给水调节门开度（100%），就根据以往经验判断为给水调节门故障，派人到现场进行处理，而未根据实际情况进行分析，未同时对给水泵的转速、出口压力等其他参数进行全面检查；在高压汽包水位降低过程中未采取有效措施。

（5）在发现水位低后未全面检查运行泵状态，盲目下令启动备用高压给水泵，且在"高压汽包水位低保护"动作跳机前完成启动。

（6）没有严格执行操作监护制度，操作票填写主值班员操作，单元长监护，实际变成由单元长操作，值长监护；监护人没有对操作具体内容检查、核实，没有起到监护作用，值长的安全生产管理工作严重失职。

三、防范措施

（1）将与停机保护相关的次级信号报警音响与一般报警信号音响进行必要的区分，并突出。

（2）高压给水泵启动操作票中给水泵变频器投入自动的时间调整到机组并网后，或在机组并网后增加对给水泵变频器状态检查，确认自动投入的项目。

（3）明确各盘面重点监视参数及定期巡视参数；加强管理，提高监盘水平。

（4）相关部分要对各设备自动调整投入、自动调整退出的条件进行分析，并对运行人员进行讲解；加强对机组异常工况相关参数的存取和分析，同时提供给发电部作为运行分析的依据。

（5）加强"两票三制"管理，相关人员认真履行职责；值长加强对运行班组的现场管理，切实落实安全生产各项管理制度。

（6）加强机组启动前的准备工作，各项检查、准备工作到位；合理安排人员和重要操作。

（7）加强培训和运行分析、表计分析，提高运行水平和事故处理能力。

（8）加强人员培训，充分吸取事故教训，制定汽包水位低的现场处置方案并组织学习。

［案例53］高压过热器连接管泄漏

一、事件经过

2011年7月13日机组"二拖一"运行，AGC投入，1号燃气轮机负荷为170MW，2

号燃气轮机负荷为175MW，3号汽轮机负荷为220MW，当日白天发现1号余热锅炉高压过热器出口排空连接处保温棉滴水，进行拆保温检查，至7月14日00：13，检查确认高温过热器1至高温过热器2连接管道上放气管道与连接管管座焊口熔合线上有裂纹，无法在线处理，向市调申请1号燃气轮机停机。7月14日03：36，1号燃气轮机解列。

二、原因分析

经检查发现，本次出现裂纹焊口为基建期间安装焊口，长度约30mm左右，管座材质为12Cr1MoV，直管材质为P22，规格为ϕ26.7×3.91mm，焊缝从外侧向内侧开裂。检修过程中，从开裂焊缝处切开后，管子位移量不到10mm，可排除强行对口焊接；机组已运行3年多，如果是焊接质量问题，早已暴露出来，也可以排除焊接质量问题，光谱复查焊材为R31，符合要求，因此，焊接应力集中是此次裂纹产生的原因。

三、防范措施

在金属监督工作中应加强对该结构焊口的检查，调整检查比例，扩大检查范围，具体如下：

（1）机组检修期间对两台机组高压系统的放气、疏水管道一次门前焊口进行全面检查。

（2）该管座结构形式，容易造成应力集中，机组停机具备条件时，增加过渡管接头，加大应力集中部位的强度。

（3）对该结构形式所有放气、疏水合金管进行光谱确认。

[案例54] 高压给水主调节阀故障

一、事件经过

2008年6月10日07：32，某厂3号机负荷为120MW，发现高压给水主路调节阀在5%开度卡住，不能开关，此时高压给水流量为39t/h，高压主蒸汽流量为1109t/h并持续增大，立即派人去就地检查阀门气源、电源正常，就地开度与DCS上开度相符，紧急通知检修人员处理。07：45，高压汽包水位下降至－600MM时，向中调申请紧急停机。

2008年6月11日18：58，3号机组负荷为270MW，发现3号机组高压汽包水位较低，为－296mm，此时高压给水主调节门开度为72%，出现卡涩，无法继续开大，此时高压给水流量仅为192t/h，明显低于该开度下的正常给水量（此开度下给水流量正常值应为300t/h以上），而高压汽包蒸发量此时为230t/h，高压汽包水位有继续下降趋势，立即至现场检查，发现3号机组高压给水主调节门开度在70%左右时声音和振动较大，但该阀门开度减小后声音和振动现象逐渐消失；17：00，退出3号机组AGC和一次调频，3号机组降负荷至170MW，高压给水主调节门切至手动，维持开度为66%，声音和振动现象消失，稳定后高压给水流量和高压汽包蒸发量平衡（同为170t/h），高压汽包水位稳定在－300mm左右。21：50，停机后发现，3号机高压给水主调节门在关闭到35%时，也出现卡涩现象，无法继续关闭。

2008年6月12日，3号机启动过程中，高压给水调节系统管道振动大，现场观察发现高压调节阀开度较大（高压给水流量在约220t以上）时整个管道系统振动很大，后按要求将机组负荷维持在240MW，悉心操作，认真监视管道振动情况，确保了机组安全运行。

2008年7月7日07：15，在启机过程中，机组负荷为120MW，1号机高压给水主调节门卡涩，卡在5.9%开度附近，给水流量只有37t/h左右。切至手动，调节只能关小，不能开大。立即退出ALR（自动负荷）控制，降低机组负荷至84MW。就地检查该阀几乎没有开度，立即手动关闭B给水泵高压出口电动阀，并断开高压给水调节阀的气源，高压给水调节阀还是不动。之后开启该高压给水调节阀气源，并开启B给水泵高压出口电动阀，高压给水调节阀立即动作，此时该阀重新动作正常。重新升负荷至120MW，投入ALR，机组顺利进汽。

2008年7月30日07：30，3号机组启动过程中发现，高压给水主调节门开度指令为60%时，高压给水流量仅有30t/h，现场检查确认其阀杆已断裂，机组维持3000r/min空负荷运转。通知检修人员处理，检修人员检查后告知需停机更换高压给水主调节阀。

2008年9月22日19：26，2号机负荷为311.5MW，高压主蒸汽流量为269.9t/h，2号机高压给水调节阀开度突然由67.5%异常升至92.4%，而高压给水流量却由263.4t/h降至52.6t/h，高压汽包水位迅速下降，立即向中调申请退出AGC，手动减负荷，同时切手动调节高压给水主路调节门，发现高压给水流量始终很小，无法增大。至现场检查发现2号机高压给水调节阀就地阀位指示已在全开位置，但给水流量仍然异常的小；19：27：09，高压汽包水位降至－300mm，DCS上发“高压汽包水位低”报警；19：32，2号机负荷为288MW，高压汽包水位降至－630mm，DCS上发“高压汽包水位低低跳机”报警，2号机跳机。

2009年7月23日08：00，3号机组启动过程中，3号炉高压给水主、旁路调节阀切换过程中，主路调节阀略有卡涩，导致高压汽包水位较大波动。次日检修更换控制器后工作正常。

2010年3月25日21：37，1号机高压主调节门阀位指示信号异常，机组在停运过程中高压汽包水位低故障停运。后经现场人员检查发现阀门位置反馈装置——阀门定位器中，与阀杆连接的磁条（可以在定位器感应槽中上下移动，定位器根据磁条的位置确定发门开度）发生移位，相对于连杆向上异动。同时，阀门解体后发现阀芯密封圈磨损。

2010年10月18日20：00，巡检发现3号机组高压给水调节门在开度指令一定时，阀杆有小范围波动，19日01：13，检修更换密封圈后动作正常。

二、原因分析

经检查分析，大部分事件是由于高压给水主调节阀密封组件破损，堵塞阀门活动通道所致，另外，还有阀杆弯曲、控制器故障、定位器故障等原因。

三、防范措施

（1）要求在启机前活动一下高压汽包给水调节门，检查其动作正常后再启机。

（2）在机组未并网前出现此类现象，应选择维持机组3000r/min或停机并通知检修处理。

（3）若机组已并网，应立即退出AGC，手动降负荷尽量维持高压汽包水位，通知检修，并采取断气源、关闭给水泵高压出口电动阀、活动高压给水主调节阀的处理方法，看给水调节门是否能恢复正常。

（4）若高压给水调节门卡涩严重或阀芯脱落，主路几乎没有流量，可将给水开度给定值维持为20%，保证旁路开度最大（旁路最大开度只能是30%，DCS中已经设定，建议可通过讨论，决定修改此值，以确保在事故处理时充分利用旁路的开度）；申请早停机。

（5）若当时机组负荷较高，给水调节门主路卡涩的开度过小，采用（3）、（4）的处理方法无法维持高压汽包水位，则无法避免高压汽包水位低跳机。

[案例55] 再热器膨胀节处保温冒烟着火

一、事件经过

2011年6月27日08：30，巡检发现3号炉再热器2进口膨胀节穿墙管保温冒烟，联系机务检修人员检查；08：40，冒烟处保温着火，马上通知消防人员灭火。火熄灭后，为了保证安全，经与中调沟通，启动1号机，停3号机处理烟气泄漏。

二、原因分析

6月26日，检修人员对漏气的膨胀节进行维修，但缺乏维修膨胀节的经验，将部分旧膨胀节表面材料聚四佛乙烯包裹在新捆绑的膨胀节材料里面。机组启动后，漏气部位继续漏气，新加的膨胀节未能堵住漏气，致使旧的膨胀节表面材料聚四氟乙烯接触高温烟气（578℃）后，温度升高至其耐温极限（300℃）以上，起火燃烧。

三、防范措施

（1）更换了不合格的膨胀节，并组织检修人员进行了膨胀节维修的学习。

（2）出现此类事件，应尽早通知检修人员和消防人员，避免进一步损坏设备，必要时，申请停机。

第五章 天然气增压机系统

[案例 56] 增压机变频器故障快速停机

一、事件经过

2006 年 6 月 15 日，某厂 1 号燃气轮机负荷为 192MW，天然气压力为 3.7MPa。12：18，压缩机变频器事故跳闸，同时断开变频器高压开关，天然气压力下降到 3.1MPa 报警。12：19，当天然气压力下降到 2.7MPa 时，1 号燃气轮机因天然气压力低跳闸。检修人员停电后对就地控制柜所有 I/O 卡件从 PLC 槽架上拆卸下来，使用压缩空气进行吹扫后重新安装。

二、原因分析

（1）检查事故追忆，压缩机跳闸时，几乎同时发出 3 个报警信号，顺序为“ZF 2080 Discrete Output Module Channel 1 Overload Fault”（过载报警）→“External Watchdog Fault”（看门狗故障）→“Fast Stop Latch”（快停压缩机），此 3 个信号从 PLC 中的逻辑输出均会导致压缩机跳闸（但不会断开变频器高压开关）。

（2）和索拉公司技术人员共同对逻辑进行检查确认，索拉压缩机控制系统逻辑设计采用了“看门狗”保护：即当 PLC 内部逻辑检测到控制器运行异常时，会通过模块 ZF 2080 通道 1 的输出和继电器构成的外部回路，驱动压缩机跳闸，并断开变频器高压开关。但这种设计在模块 ZF 2080 通道 1 过载时，同样会通过外部继电器构成的驱动回路导致压缩机跳闸，同时断开变频器高压开关，并发出事故追忆中上述 3 个报警信号。

根据以上 2 条原因确定为模块 ZF2080 通道 1 过载，引起压缩机变频器事故跳闸，断开变频器高压开关。

三、防范措施

（1）厂家技术人员对压缩机控制系统逻辑进行修改升级。

（2）制定技术改造方案，在另一卡件上选取一个通道，增加冗余通道，实现二取二保护，避免由于卡件本身硬件故障导致通道过载。

（3）利用设备停运期间，热控专业和电气专业共同进行压缩机变频器保护信号传动试验，确认保护信号接线无误。

（4）利用设备停运期间，使用压缩空气对就地控制柜进行吹扫。

[案例 57] 变频器故障快速停机

一、事件经过

2006 年 7 月 11 日，1 号燃气轮机负荷为 200MW，天然气压力为 3.6MPa。15：48，

压缩机变频器事故跳闸，同时断开变频器高压开关，天然气压力下降到 3.1MPa，报警。15：49，当天然气压力下降到 2.7MPa 时，1 号燃气轮机因天然气压力低跳闸。

二、原因分析

（1）ZF2080 卡件上通道 2 指示灯保持常亮，通道过载。

（2）压缩机就地控制柜温度高（控制柜外皮温度最高 50℃），造成卡件故障。

三、防范措施

（1）ZF2080 卡件上通道 2 更换为通道 6。

（2）打开现场控制柜门，通风降温。

（3）利用设备停运机会，在另一卡件上选取一个通道，增加通道冗余，避免由于卡件硬件故障导致通道过载。

[案例 58] 燃气轮机燃料供应压力低保护动作停机

一、事件经过

2007 年 8 月 9 日 16：16，1 号燃气轮机负荷为 300MW；16：40，天然气供气压力为 3.72MPa，燃气轮机单元长通知天然气调压站值班工准备启动压缩机（按规定 3.7MPa 启动压缩机）；17：00，调压站值班工投入后冷却器，启动压缩机，压缩机运行正常后，单元长派另外 2 名值班工协助调压站值班工关闭旁路门；17：34：25，1 号机控制室“燃料气功气压力低”报警；34：36，“燃气轮机燃料气供应压力低跳闸”保护动作，1 号燃气轮机解列。

二、原因分析

检查发现压缩机调压撬出口电动门 2410 关闭，造成 1 号燃气轮机供气压力低，机组解列。

检查操作记录发现，调压站值班工在准备检查调压撬压力设定值时，在计算机操作画面上误开调压撬相邻设备调压撬出口电动门 2410 的操作界面，此时应点击“退出”按键退出 2410 门的操作界面，但值班工直接点击“关闭”按键，将压缩机调压撬出口电动门 2410 关闭（注：“打开”和“关闭”按键操作截门状态，“退出”键关闭操作界面）；误操作后，值班工未能及时发现，没有采取补救措施，致使燃气轮机入口燃气供应量不足，“燃气轮机燃料气供应压力低跳闸”保护动作。故 2410 门关闭原因确认为人员误操作。

三、防范措施

（1）要求运行人员熟悉系统设备，操作前认真核实设备和操作步骤。

(2) 加强岗位培训，重视辅助岗位的人员培训工作，提高全体运行人员的安全意识、技术水平。

(3) 完善操作规程和系统图，规范压缩机启停操作票，规范操作步骤。举一反三，各专工规范其他操作规程步骤。

[案例 59] 供气压力低跳闸保护动作停机

一、事件经过

2008 年 2 月 28 日 10：37：48，1 号机组正常运行，主控 TCS 发燃气供气压力低报警，天然气调压站进站压力为 3.34MPa，出站压力为 2.98MPa，天然气压缩机变频器有报警及跳闸信号。10：39：13，主控 TCS 发燃气轮机供气压力低跳闸信号，机组跳闸。

二、原因分析

(1) 机组停机后检查发现天然气压缩机变频器控制柜内有烧熔物，根据报警故障信息，检查可控硅整流器单元，测量 4U4C 整流器各元件，发现缓冲电容被击穿，导致变频器故障，压缩机跳闸，1 号燃气轮机供气压力低跳闸，保护动作，机组解列。

(2) 天然气压缩机变频器可控硅整流器单元 4U4C 整流器缓冲电容存在质量问题。

(3) 春季变频器室内灰尘较多。

三、防范措施

(1) 目前天然气压缩机单机运行，无备用，旁路阀为手动开启，不能满足在压缩机及控制系统故障情况下的快速切换，建议尽快将天然气来气旁路阀由手动阀改为气动阀，并增加变频器跳闸启动旁路。或与压缩机、变频器厂家联系，增加一台变频器，实现一用一备的运行方式，避免类似事故的再次发生。

(2) 对新进电子元器件进行检测验收，在备品备件使用前再次进行检测校验。

(3) 加强对变频器室的环境治理，发电部定期对变频器室等的地面卫生进行清扫。定期更换控制柜的空气滤网、清扫柜内卫生。

[案例 60] 增压机入口管线气动阀跳闸停运

一、事件经过

2008 年 4 月 29 日 16：25，运行人员监盘时发现 1 号燃气轮机 MARKVI 发出“天然气入口压力低”报警，燃气轮机 RUNBACK 动作，负荷下降，增压机出口压力由 3.2MPa 下降到 1.0MPa 并继续下降，值长令在 MARKIV 上手动停机。

停机后就地检查发现 1 号天然气增压机入口管线气动阀关闭。运行主值联系生产保障部热工专责，检查 1 号天然气增压机入口管线气动阀跳闸原因。

二、事故原因

（1）停机后热工现场检查发现 I/O 卡件运行指示灯绿色闪烁、通信指示灯红色闪烁、I/O 状态指示灯灭，CPU 到 I/O 卡件通信中断，I/O 卡件无输出，致使 1 号天然气增压机入口管线气动阀跳闸。

（2）场站控制系统的设备厂家在系统通信前期调试过程中，通信参数设置不合理。

（3）场站控制系统 CONTROL_NET 网络中，原设计为 A、B 双通道冗余通信网络，但厂家前期调试过程中设置为单通道通信（设置为 A-ONLY），分析为 1 号压缩机 CONTROL_NET 卡件 A 通道光缆接头松动，正常切换 B 路通信时冗余通信系统未能发挥作用，使得设备网络通信中断，导致整个网络上到 I/O 卡件设备通信无响应，引发通信控制网内 I/O 卡件站点地址丢失，不能识别卡件地址，I/O 卡件组中的 DO 模块在无逻辑输入情况下输出由 1 变为 0，使其卡件下所带 ESD 阀继电器失电动作，致使 1 号天然气增压机入口管线气动阀失电关闭。

三、防范措施

（1）检查场站所有通信、控制线路连接。使用 RSNETWORX 软件在线读取场站系统网络框架 CONTROL_NET 文件，统一网络中所有设备设备数量、状态、KEEPER 地址一致，在网络属性中确认网络形式为双通道冗余（A/B）。重新保存至网络框架文件。重启系统电源，检查各处理器状态和网络冗余状态正常。

（2）完善运行规程，补充天然气场站异常情况下运行人员操作规程。

（3）会同厂家成立天然气场站技改优化工作组，优化完善场站控制方式。

（4）巡检人员、点检人员加强日常、定期巡检力度，发现问题及时处理。

[案例 61] 天然气品质不合格跳机

一、事件经过

2008 年 5 月 20 日，事故前负荷为 300MW，燃气进站压力为 3.4MPa，天然气压缩机运行，燃气轮机进气压力为 3.7MPa，燃气轮机运行正常。0∶43，监盘发现机组负荷有下降趋势，且已经下降到 290MW，检查调度设定的 AGC 目标值是 300MW 未变化，TCS

没有报警信号，但燃气流量和燃气轮机控制信号输出 CSO 都缓慢上升。00：44：29，TCS 来 18 号叶片通道温度偏差大报警。00：44：34，19 号叶片通道温度偏差大报警。00：44：37，TCS 来 6、7 号压力波动高预报警、报警、限制等报警并发出燃烧室压力波动高跳闸信号，机组跳闸。

二、原因分析

（1）跳机前负荷降低，CSO 却由 64.5%升至 75.6%，ACPFM（自动燃烧压力波动控制器）发出“燃料系统异常”和“补偿抑制”报警。

（2）现场取气发现燃气成分中甲烷含量仅为 72.23%，远低于合格燃气 95%以上甲烷的含量；氮气含量为 23.98%，远高于 0.2%的标准。

分析表明，天然气成分变化是导致机组燃烧不稳灭火跳机的直接原因。经与天然气供应商核实，管道改线施工结束开始恢复运行，由于施工工艺造成约 4000m^3 氮气无法放空，与天然气混合局部形成氮气段塞，氮气含量比较高，影响机组运行。

三、防范措施

加强与天然气供应商联系，及时掌握可能影响天然气品质的工作和时间。在天然气品质无法保证安全运行的情况下，调整机组运行工况。

[案例 62] 温度卡件故障造成增压机跳闸停机

一、事件经过

2008 年 7 月 10 日 17：51，运行人员监盘时发现 2 号增压机跳闸，2 号燃气轮机发出“天然气入口压力低”报警，燃气轮机 RUNBACK 动作，负荷下降。17：52，2 号燃气轮机跳闸，联跳 3 号汽轮机。就地查 2 号天然气增压机跳闸原因为“NP TEMPERATURE MONITOR FAULURE”（增压机轴承温度检控失败），检查增压机各轴承温度正常（最大值为 90℃），润滑油温正常（51.8℃），冷却水畅通，未发现明显异常情况。

热工人员现场检查天然气增压机跳闸首出原因为轴承温度监控失败。检查控制器、卡件状态、保护线路各个节点、端子排接线均正常，轴承温度测点正常，显示值正常，未达到跳机保护动作值，就地温度表也正常；检查控制逻辑内部控制回路，均无异常。

二、原因分析

经过分析认为，由于增压机轴承温度监控失败引起保护动作，2 号增压机跳闸，2 号燃气轮机、3 号汽轮机跳闸。在查证的历史曲线显示中，轴承温度 6 测点跳机时信号为零，因此，认为增压机轴承温度监控失败是由增压机控制系统中一温度卡件故障引起。卡件故障原因需进一步分析。

三、防范措施

（1）联系厂家，更换该卡件，并对2号增压机相关保护进行彻底检查，防止类似问题继续发生。

（2）加强热工专业技术管理和技术培训。

［案例63］控制卡件故障致使增压机跳闸

一、事件经过

2008年11月9日，1、3号机组运行，1号燃气轮机负荷为219MW，3号汽轮机负荷为96MW，AGC退出。19：25，1号燃气轮机MK6发出报警“Gas Fuel Pressure Low（天然气压力低）”“Gas Fule Supply Pressure Low（天然气供应压力低）”，NCS系统（电网网络控制系统）发出报警“CCS（退出）”，1号燃气轮机RB动作，MK6操作站显示天然气压力迅速下降，天然气压力在不到1min内由3.32MPa降至1.43MPa。19：26，1号燃气轮机报“High Exhaust Temperature Spread Trip（排气分散度高跳机）”，联跳汽轮机。19：30，就地检查发现，控制屏上首出“增压机供油压力B、C压力低”跳增压机。19：38，由于机组辅汽联箱供汽汽源再热器冷段蒸汽电动门联锁关闭，联箱压力低，无法满足轴封系统压力，而启动锅炉至辅助蒸汽联箱的蒸汽参数也不满足要求，汽轮机转速为1100r/min时，运行人员被迫破坏机组真空，停机。

二、原因分析

（1）停机后热工人员现场检查发现1号增压机触摸屏上显示首出为供油压力低跳机，1号增压机1号槽板上所有I/O卡件和通信卡件状态异常，所有I/O卡件状态灯红色闪烁，通信卡件上通信通道灯灭，状态灯红色长亮。通信卡件显示窗口显示故障信息为Rev 11.003 build 007timer_task.c line 1319。

（2）11月10日，阿特拉斯厂家到现场，了解当时情况和查看现场后认为通信卡件硬件故障。PLC厂家AB公司派工程师，模拟当时故障情况并针对电源模块和槽板本身做了排除试验，确定为卡件本身硬件故障。该卡件为润滑油模块的通信卡件，润滑油油压处在增压机控制梯形图的第一行，处理器首先接收到油压低信号后，误发了首出为供油压力低的跳闸信号，1号增压机跳闸，天然气压力快速下降，1号燃气轮机发生RB后很快跳闸，联跳3号汽轮机。

（3）针对该卡件问题，AB卡件厂家技术服务人员表示该问题也是第一次发生。AB公司确实曾召回过一批生产日期在2007年6月之前有问题的卡件，虽然我厂的卡件序列号均不在召回产品中，但生产日期与AB公司召回的问题卡件生产日期属同一时间段内，因此不排除其存在问题的可能性。

通过以上分析，阿特拉斯现场服务工程师给出原因分析结果：这次增压机跳机事故是由于通信卡件1756-CNBR自身硬件故障所导致的。对于卡件硬件自身故障，AB卡件厂家技术服务人员认为最大可能原因为通信模块内部的一块与背板进行数据交换的芯片故障，但目前国内尚无此检测手段确认，也未能查到故障代码代表的意义，正在联系国外厂家的技术支持。

三、防范措施

（1）将故障卡件寄回生产厂家，进行故障原因检测，进一步查找故障原因，提供分析报告。

（2）结合秋季安全大检查，热工专业人员对天然气控制系统进行全面检查，查找可能出现的安全隐患、存在的安全漏洞及时防范措施整改。

（3）热工专业加强技术管理，运行人员加强技术培训，掌握进口设备的特性，总结经验教训。

（4）巡检人员、点检人员加强日常、定期巡检力度，发现问题及时处理。

（5）制定热网系统最佳运行方案，明确故障时热网的运行方式。

（6）调整“一拖一”运行工况下备用轴封供气方式，制订防止汽轮机轴封进冷空气的技术措施。

［案例64］仪用空气压力低造成增压机跳闸停机

一、事件经过

12月5日16：35，2号燃气轮机、3号汽轮机并网运行，负荷为360MW。2号燃气轮机带负荷为260MW，3号汽轮机带负荷为100MW，热网投入运行，供热负荷为350GJ/h，2号增压机运行，出口压力为3.37MPa。16：36，2号燃气轮机MK6报警“Gas Fuel Pressure Low（天然气压力低）”“Gas Fuel Supply Pressure Low（天然气供应压力低）”“Combustion Trouble（燃烧器故障）”，MK6画面上天然气压力迅速下降，2号燃气轮机跳闸，3号汽轮机联跳。

二、原因分析

仪用空气母管供天然气场站$\phi 57\times 3$mm母管部分堵塞，造成天燃气场站仪用空气压力缓慢降低（最低至0.2MPa），导致天然气入口及增压机入口ESD（紧急关断）阀逐步关小，2号增压机入口阀和入口IGV逐步开打，直至全开。

当仪用空气压力恢复（自然恢复，最高至0.4MPa），ESD阀迅速打开。此时，由于增压机入口阀和IGV已全部打开，在增压机入口流量瞬间增大后，增压机进入喘振区，导致轴瓦振动大，增压机非驱动端振动大保护动作，至2号增压机跳闸，2号燃气轮机因天然气压力低跳闸，联锁3号汽轮机跳闸。

本次事件暴露出如下3方面的问题：

（1）巡检不到位，未及时发现天然气场站仪用空气压力下降。

（2）仪用空气压力最低点（管路末端）未设仪用空气压力监视测点；主厂房设的至天然气场站仪用空气压力监视测点未上传至DCS。增压机电动机电流未上DCS画面。暴露基础工作不细。

（3）天然气场站ESD等设备原始资料不齐，不便于故障快速准确分析。

三、防范措施

（1）通过学习规程，加强巡检、点检技能的提高。

（2）将室外仪用空气管路保温、伴热。

（3）冬季运行人员严格按运行规程对仪用空气进行排污、排空。

（4）DCS画面漏做的仪用空气压力YOQF.B01CP101、YOQF B04CP101、YOQF B07CP101、YOQF B09CP101上传；天然气场站仪用空气支管增设仪用空气压力测点，并上传至DCS。其他支管是否加设，运行部牵头拿出意见。

（5）增压机电动机电流上DCS画面。

[案例65] 控制卡件故障造成增压机跳闸停机

一、事件经过

2009年11月20日，1、2、3号机运行，总负荷为547.8MW，1号机为189.47MW，2号机为185.41MW，3号机为172.92MW，供热负荷为1104.4GJ，机组AGC退出。

05：37，2号燃气轮机MARK Ⅵ发出“High Exhaust Temperature Spread Trip（排气分散度高跳机）”报警，燃气轮机跳闸，且DCS画面上公用报警栏内“2号增压机跳闸”闪烁，“2号燃气轮机跳闸”报警。当班值长立即要求监盘人员按照单台燃气轮机跳闸进行事故处理，减少机组供热抽汽量，确保1号燃气轮机拖3号汽轮机正常运行，同时汇报市调、热调、气调，汇报公司领导。05：40，运行就地检查发现，2号增压机跳闸，控制屏PLC面板死机。通知热工维护人员。

二、原因分析

05：55，热工专业人员到现场检查发现2号增压机控制面板所有数据不更新，画面维持跳机前正常运行画面。2号增压机1号控制器硬件故障报警（状态灯红色闪烁）。运行指示灯、I/O指示灯不亮。通信卡件状态灯红色闪烁。冗余模块显示在非冗余状态。所有I/O卡件硬件正常，但通信中断。TSI系统1号瓦振动高报警。

对1号控制器重新进行上电、自检，依然显示红色闪烁，不能正常工作，冗余模块显示非冗余状态。更换1号控制器底板槽位位置，重新上电自检，不能通过。通过软件试图读取1号控制器内部逻辑信息，但在整个控制网络中不能找到1号控制器的物理地址，据此判断此情况初步分析跳闸原因为2号增压机运行中的1号控制器硬件故障，未能切换到2号控制器运行，导致所有I/O信号无法传送到就地执行机构，跳机继电器失电，2号增压机跳机，2号燃气轮机跳闸。

10月20日下午，Allen-Bradley厂家技术服务人员与热工专业人员到现场检查2号增压机PLC情况，首先重新对1号底板进行上电，1号控制器状态异常，冗余模块不能同步，后隔离2号增压机1号控制器，单独上电、自检，经复位后状态正常。更换1号控制器底板槽位位置，重新进行上电、自检，状态正常。通过软件读取1号控制器内部逻辑信息，逻辑状态正常。

通过以上检查分析，认为此次故障原因有以下3种可能：

（1）1号底板硬件故障，导致在底板上通信的各个卡件出现异常。

（2）1号底板上的1757-SRM冗余模块硬件故障，影响在同一底板上的控制器运行及不能正常切换到备用控制器工作。

（3）1757-SRM冗余模块软件冗余包版本不稳定导致冗余模块异常。

由于机组在运行状态，没有条件进行进一步的确认。以上3种情况都不能彻底排除。

三、防范措施

（1）2号增压机单控制器工作状态下，热工人员加强设备检查，运行人员做好事故预想。

（2）条件具备时，更换1号控制器、底板及1757-SRM冗余模块，更新冗余包到最新版本。机组停运时期，停运2号增压机，断2号增压机控制电源，更换1、2号底板上控制器1756-L55M24及机架底板1756-A7，更换1757-SRM冗余模块及相应冗余包软件版本。检查系统接地情况、信号干扰情况，做主动切换实验，模拟事故工况被动切换实验、设备稳定性实验，并做好相关记录。对更换下来的卡件及设备送至有资质的相关检测机构进行检测，分析硬件损坏原因。

（3）热工专业加强技术管理，运行人员加强技术培训，掌握进口设备的特性，总结经验教训。

(4) 尽快论证增压机控制系统改由DCS控制的可行性，并实施。

[案例66] 热控卡件故障增压机跳闸停机

一、事件经过

2009年11月26日16：24，1、2号燃气轮机拖3号汽轮机运行，总负荷为702.8MW，1号燃气轮机负荷为258.47MW，2号燃气轮机负荷为240.41MW，3号汽轮机负荷为206.92MW，热网供热负荷为1112.7GJ/h，机组AGC退出。

16：56，监盘人员发现1号燃气轮机入口天然气压力骤降，MARK Ⅵ发出“High Exhaust Temperature Spread Trip（排气分散度高跳机）”报警，1号燃气轮机跳闸，且DCS画面上公用报警栏内“1号增压机跳闸”闪烁，“1号燃气轮机跳闸”报警。当班值长立即要求监盘人员按照单台燃气轮机跳闸进行事故处理，减少机组供热抽汽量，确保2号燃气轮机拖3号汽轮机正常运行，同时汇报市调、热调、气调，汇报公司领导。

二、原因分析

16：26，热工专业人员到现场检查发现1号控制器背板上冗余模块1757-SRM模块状态栏中显示报警代码E054状态指示灯红色长亮。控制器程序不运行，OK状态灯红色闪烁，检查未发现有硬件故障指示和代码。

在Allen-Bradley官方网站www. rockwel lautomation. com/support中查询到有一故障代码为E054的故障现象与其相似，官方文件指出此代码表示冗余模块版本存在缺陷，具体表现情况为：

(1) 1757-SRM显示错误代码为E054。

(2) 看门狗超时导致控制器程序和OK状态灯红闪。

(3) 因1757-SRM故障引起冗余切换故障。

(4) 切换后的主控制器控制网通信模块通信地址重复报错引起模块通道状态和模块状态灯红闪，导致控制器和I/O均失控。

厂家人员到场后，检查后确认该故障现象为E054代码故障，是冗余模块版本存在缺陷造成的。根据厂家提出的处理意见，重新对两块背板上的控制器、控制网通信卡、冗余模块进行了冗余包的升级工作，从原来不稳定的13版本升级为官方新推出的15.61稳定版本。软件升级后，1、2号控制器上电，切换正常。19：15，启动1号增压机，1、2号切换控制器正常。

通过以上发现认为：天然气厂站控制系统存在软件缺陷是此次故障的主要原因。生产人员对于厂家公布的软件缺陷信息，没有及时掌握，并采取有效措施是此次故障的次要原因。

三、防范措施

（1）在2号增压机单控制器工作状态下，热工人员加强设备检查，运行人员做好事故预想，在条件具备时，对控制器软件进行升级。

（2）热工专业加强技术管理，运行人员加强技术培训，掌握进口设备的特性，总结经验教训。

（3）热工人员制定管理办法，及时浏览设备厂家网站，掌握有关软件的缺陷公布、软件升级更新等信息，采取相应的措施保证机组正常运行。

（4）尽快论证增压机控制系统改由DCS控制的可行性，并实施。

[案例67] 增压机出口天然气温度测点故障停机

一、事件经过

2009年12月12日，机组总负荷为545MW，1号燃气轮机负荷为187MW，2号燃气轮机负荷为187MW，汽轮机负荷为173MW，热网供水流量为5114.8t/h，回水流量为4968.6t/h，热负荷为1002.7GJ/h，机组AGC退出。

02：45，监盘人员发现1号燃气轮机入口天然气压力骤降，MARK Ⅵ发出“High Exhaust Temperature Spread Trip（排气分散度高跳机）”报警，1号燃气轮机跳闸，且DCS画面上公用报警栏内“1号增压机跳闸”闪烁，“1号燃气轮机跳闸”报警。当班值长立即要求监盘人员按照单台燃气轮机跳闸进行事故处理，减少机组供热抽汽量，确保2号燃气轮机拖3号汽轮机正常运行，同时汇报市调、热调、气调，汇报公司领导。

二、原因分析

热控专业人员现场检查发现增压机触摸屏报增压机出口温度B、增压机出口温度C温度高，三取二保护动作跳机；同时，事故追忆画面显示B点温度为870℃，C点温度显示星号（已坏点）。I/O卡件状态正常，轴系温度、振动卡件状态正常，控制器状态、冗余状态正常。就地测量B、C点温度元件，C点温度元件断路，B点温度元件正常。复位报警画面后检查所有温度测点通道正常，检查接线牢固，B点显示19℃，正常；C点显示星号，故障。

更换B、C两支温度测点一次元件进行检查，发现出口温度B测点热电阻元件的防震卡套已抱死，处在损坏边缘，证明测点B的跳变是因为测点自身引发；温度测点C的护套与热电阻本身的螺纹结合面已受热变形，不能拆除。

因此，1 号增压机出口天然气温度测点 C 一次元件（双只热电阻）损坏后，温度测点 B 发生跳变，是此次引起三取二温度高保护动作、增压机跳闸的直接原因。

本次事件暴露出以下 6 方面的问题：

（1）专业在各次事故的处理、分析及应对上，只把注意力放在了暴露出来的缺陷上，暴露一处，解决一处，不能做到举一反三，从事件的根本去分析原因，找到彻底解决的办法，而是每次都认为暴露出来的缺陷即为全部的缺陷，专业的工作陷入全面被动的同时也给公司带来了较大的负面影响，这归根结底还是责任心不到位、主观认识高度不够的问题。

（2）技术人员在技术的深入研究上存在畏难情绪，没有树立起攻克重大技术难题的决心。由于增压机控制系统的调试全部由外国厂家技术人员独立完成，且在调试期间存在一定的技术封锁，造成了专业在思想上认为已经调试好的系统，能不动尽量不动，造成潜在缺陷逐个暴露的被动局面。

（3）专业对主要设备厂家的信息发布不敏感，不能及时获取自身设备系统的重要缺陷公告。这也是在 AB 公司控制系统硬件冗余软件包存在 BUG 的信息公告发布后，近三个月的时间里不能获取信息，从而导致 11 月 20、11 月 26 日连续两次增压机事故跳闸的直接原因。

（4）在对事故的处理流程上，不能做到规范操作。在 11 月 20 日，2 号增压机跳闸后，未分析清楚原因的情况下复位故障代码，造成事故的原因不能精确定位，直到 1 号增压机以同样的现象跳闸后，才明确了事故起因。

（5）从技术层面分析，增压机控制系统未设计断线保护的功能，使保护误动的可能性比起常规控制系统大大增加。专业内虽然早先已认识到该问题，但由于该控制系统组态方式限制，使逻辑方案在该控制系统的组态工作不能有效展开。因此，失去了提高系统保护可靠性的有效手段。

（6）运行人员在主控室对增压机的各种参数不能实时监视，失去了在事故发生前及时处理的宝贵时机。由于增压机 PLC 系统与 DCS 之间仅通过通信传输有限参数，以至在事故发生前，运行人员不能及时察觉，仅依靠定时巡检去发现增压机参数的异常，从而导致了增压机跳闸。

三、防范措施

（1）在思想认识上，从专业负责人到专业内每一位员工都必须深刻地剖析自身存在的不足，找到自身的差距，彻底杜绝那种“出现的问题，解决掉了就是尽职责”的错误认识。真正树立起“防范胜于未然，责任重于泰山”的责任观念。具体到增压机的事故频发，各级专业人员要勇于承担自己应负的责任，接受应有的考核，而不要推诿于任何的客观因素。

（2）加强专业的培训力度，迅速提高专业的技术水平。一定要彻底抛弃掉对厂家的依赖，尤其在增压机控制系统的研究上树立起以我为主的信念，结合公司提供的培训机会，迅速深入地将整个专业的整体技术水平全面提升到一个全新的高度。

（3）确立起对全厂所有控制系统隐患一旦没有外力支持，就依靠自身力量去解决的坚定信念。对于技术难题，成立专项攻关小组。具体如AB的控制系统，如何实施断线保护功能，如经过研究论证后确不能实施，应找出可行的替代方案；统计增压机出入口的温度测点的故障率，论证设备换型的可行性。

（4）重点针对增压机控制系统，进行技改方案的论证，对增压机所有的I/O测点的硬件分配进行全面梳理，做好充分的事故预案，保证控制系统在任一个测点故障，任一块卡件故障的状态下，不误发保护跳闸设备。

（5）增压机涉及保护、自动的重要测点通过技术手段全部上传DCS，并制作软光字报警，完善声光报警功能。从技术上确保增压机能够得到燃气轮机主要设备应有的监控水平。

（6）增压机出口温度保护逻辑由原来的A、B、C 3个信号三取二修改为A、B两个信号二取二方式后，生产保障部加强点检，运行人员加强日常巡检，确保温度测点正常工作，同时特别注意冷却水正常投入。

（7）尽快联系设计院、GE公司就增加燃气轮机滑压运行软件和改造增压机旁路系统作可行性论证。如可行，尽快实施，保证在增压机跳闸情况下燃气轮机能在低压情况下滑压运行，避免机组停机造成更大损失。

［案例68］ 增压机喘振跳闸燃气轮机停运

一、事件经过

2008年11月11日，1号燃气轮机运行，负荷为20MW，3号汽轮机盘车，AGC退出。00∶57，1号燃气轮机MK6突然发出报警“Gas Fuel Pressure Low（天然气压力低）”“Gas Fuel Supply Pressure Low（天然气供应压力低）”；1号燃气轮机RB动作，MK6操作站显示天然气压力迅速下降。00∶59，1号燃气轮机报警“High Exhaust Temperature Spread Trip（排气分散度高跳机）”。01∶00，就地检查天然气厂站控制屏显示增压机1号轴承振动大停运。01∶24，1号燃气轮机转速为36r/min，盘车投入。03∶55，启动2号燃气轮机。05∶34，2号燃气轮机发电机并网。

01∶05，热工人员赶到现场，查天然气厂站控制屏显示1号增压机振动保护动作，造成1号增压机跳闸，查热工历史趋势记录，1号轴瓦振动X向振动值为9.65μm，Y向振动

51μm，热控人员对有关增压机振动保护在线监测的本特利卡件、前置器及端子进行检查未发现异常，保护状态正常，检查振动测点的间隙电压正常。机务人员对增压机本体、联轴器、增压机电动机地脚螺栓及增压机紧固件等设备进行了检查，未发现异常现象。根据检查结果，机务、热工人员分析认为，增压机发生喘振跳机，而增压机本身并无异常，建议重启1号增压机试转。同时启动2号机组。03：00，启动1号增压机，机务、热工人员就地检查润滑油系统、轴承温度、振动均正常。试运4h后未见异常情况。检查1号增压机IGV入口导叶最小开度设置及控制曲线偏置设置不合理，在低负荷下控制线波动，使增压机运行进入喘振区，引起增压机发生瞬间喘振。11月12日，经与增压机厂家开专题会决定：优化喘振控制，修改增压机控制参数。增压机IGV入口导叶最小开度设置由25%修改为40%；控制线偏置由－1300增加到－2300，使增压机在燃气流量低时，工作点远离喘振区。11月13日，1号增压机带1号燃气轮机运行试验30min，增压机各项参数正常。

二、原因分析

（1）1号增压机IGV入口导叶最小开度设置及控制曲线偏置设置不合理，在低负荷下控制线波动，使增压机运行进入喘振区，引起增压机发生瞬间喘振。1号增压机事故时供气参数：压力为3.2MPa、流量为4.1kg/s，处于增压机的工作区边界，此时增压机的入口导叶开度只有25%，增压机发生了喘振，造成振动大保护动作跳闸。1号增压机跳闸后，天然气供气压力下降，1号燃气轮机跳闸。

（2）DCS历史数据显示增压机跳机时1号轴瓦振动X向振动值只有9.65μm，经热工人员查实，这是由于DCS历史数据采样死区设置过大，振动数据没有真实送到历史记录。

三、防范措施

（1）运行时加强监视，总结可能引发振动大的可能因素，跟踪优化后增压机运行状态，加强分析，解决类似问题。

（2）总结在低负荷运行情况下可能引发振动大的因素，加以分析，减少类似问题的发生。

（3）检查所有进DCS历史数据库死区的设置，确保设置进入DCS的数据真实准确。已将DCS增压机振动历史数据死区设置为0.254μm。

（4）根据1号增压机出现的问题，检查2号增压机的控制曲线，确保不发生喘振现象。

第六章 热工控制

［案例69］ 下载数据时热控模块故障

一、事件经过

2009年11月1日10∶55，3号机组处于停机备用状态，热控检修人员进行3号机组处于数据下载备份时，3号机备用的B交流润滑油泵、A交流顶轴油泵、A润滑油箱排烟风机、直流密封油泵联动，盘车装置跳闸，控制油泵、控制油再生泵、密封油真空泵、循环密封油箱排烟风机跳闸。

二、原因分析

经热控检修人员检查确认，故障原因是TCS系统DO模块故障。

三、防范措施

进行热控设备检查、通道切换、数据备份等工作，应在机组停运时进行。同时，应对运行的系统进行密切监视，对重要系统如润滑油，密封油系统等应确保备用的设备在良好的备用状态。

［案例70］ VPRO控制卡件故障跳闸

一、事件经过

5月19日20∶10，3号机组甩负荷（368MW），燃气轮机熄火跳闸。MARKVI发控制卡件ALM〈X〉VPRO DIAGNOSTIC ALARM诊断报警，无首出跳闸信号。热控人员现场检查SOE顺序事件记录，MARK-Ⅵ在20∶10∶05同时发出：〈X〉VPRO DIAGNOSTIC ALARM；Gas Fuel Stop Valve Command；Master protective signal，Master Protective Trip；机组跳机。检查燃气轮机MARK-Ⅵ控制盘后发现保护卡件Y故障灯常亮，该报警信号无法复位。更换此卡件后复位报警消失，此时该卡件读到的转速信号77HT-2为零，检查77HT-1、77HT-2、77HT-3和77HT-1、77HT-2、77HT-3发现，进保护卡件的77HT-2测速头和进控制卡件的77NH-1测速头均发生开路故障，更换上述两个测速探头后显示正常。

二、原因分析

根据检查情况发现认为，此次事件是由进入保护卡件77HT-2转速探头故障和MARKVI VPRO保护卡件故障引起。

三、防范措施

(1) 加强 MARKⅥ控制系统的日常巡检工作，对无法复位的诊断报警进行分析和及时处理，并做好记录。

(2) 运行人员加强并重视卡件报警和 MARKⅥ报警信息监视，发现问题及时联系热控人员处理，并汇报相关部门管理人员。

[案例 71] DCS 系统通信故障

一、事件经过

10 月 20 日 20：40，某厂 4 号机在运行中 DCS 的 5 台操作员站大部分数据显示紫色，约 2min 后又自动恢复到正常（此种现象以前曾多次发生）。21：31，3 号炉在吹灰过程中，突然发现 4 号机 DCS 的 5 台操作员站所有的数据均为紫色，不能自动恢复。运行人员立即通知检修人员速进厂处理。因 DCS 全部死机，无法在远方监视机组情况，运行值班人员在就地监视水位、压力、温度等关键参数，并做好随时打闸、停机的事故准备。经热工同意，运行人员对服务器主机进行重启，仍然无法恢复。

检修人员在现场检查发现所有 PCU 柜上的通信接口主模件，包括 NPM 和 ICT 的状态灯均为红色，故障代码为均为 LED2&5 灯亮（为 LOOPBACK 故障或 NIS 故障）。但是所有 MFP12 主模件以及对应的子模件均工作正常（机组仍能维持运行）。对 ICT 模件进行复位和拔插操作，故障依旧，不能消除。经运行、检修人员商讨决定进行停机检查。机组停机后，对 NPM 模件进行复位和拔插操作，故障依旧不能消除。

待 2 号机、4 号机和 11 号机均已停机后，将中心环的 PCU 电源停掉，再将 4 号机的 2、5、7 号和 9 号 PCU 的电源停掉，并将所有的 NIS 模件拔出后，将中心环甩开，单独检查 4 号机的环路电缆：

2 号 PCU→5 号 PCU，环路电缆的同轴芯与外壳间的电阻为∞；

5 号 PCU→7 号 PCU，环路电缆的同轴芯与外壳间的电阻为∞；

7 号 PCU→9 号 PCU，环路电缆的同轴芯与外壳间的电阻为∞；

9 号 PCU→2 号 PCU，环路电缆的同轴芯与外壳间的电阻为∞。

将中心环连接 4 号机环路侧的两块 NIS 模件拔出后，单独检查 4 号机到中心环的环路电缆：

2 号 PCU→18 号 PCU，环路电缆的同轴芯与外壳间的电阻为∞；

18 号 PCU→2 号 PCU，环路电缆的同轴芯与外壳间的电阻为∞。

检查环路电缆没有短路现象。

仍然将中心环甩开，将4号机环路电缆接好，并将所有的NIS模件插入后，将4号机的2、5、7号和9号PCU重新上电，自检完成后，所有的ICI和NPM模件状态均显示正常（包括SOE的接点，EWS的ICI需要在EWS上人为连接），5台操作员站的所有数据均显示正常，通信系统恢复正常，初步怀疑故障起因源自中心环的ⅡL模件。

为验证上述的怀疑，再次将中心环接入4号机环路，将包括中心环在内的所有PCU重新上电，自检完成后，4号机环路上所有的ICI和NPM模件状态均显示正常（包括SOE的接点），5台操作员站的所有数据均显示正常，但位于中心环PCU柜上18-6-1、18-6-2、18-6-3位置的ⅡL模件仍处于故障状态，而另一ⅡL模件则正常。之后进行如下试验：

（1）NPM、MFP各自的冗余切换。

（2）正常的启机操作。

（3）旁路快开/快关保护。

（4）汽轮机保护传动。

（5）SERVER和CLIENT的切换。

以上试验均正常，机组具备开机条件（如果要开机，当时设想将挂在4号机的中心环甩开，解环运行）。

21日7时15分，完成上述的检查与处理。22日下午，制造厂工程师到达后开始进行如下检查、处理：

检查通信接口子模件以及对应的端子板NTCL01，当检查到位于中央环的ⅡL模件时，发现与2号环相联的一个NIS11模件，无论其对应的ⅡT主模件处于主还是备用时，与其相联的TCL端子板上的状态灯均激活（不正常）。

当复位对应的ⅡT主模件时，该ⅡT主模件也进入故障模式，故障代码为2&5红灯。此时如果对其他的PCU柜内的NIS/NPM模件做冗余切换，则该PCU柜内的NPM模件将显示故障，故障代码为1、3、5红灯。

如果拔出上述有问题的NIS11模件，再复位任一NPM模件，则该NPM模件故障消失。

接着将上述有问题的NIS11模件重新插回原来的位置，再将2号环内的所有4个PCU柜均断电后再上电，发现所有4个PCU柜内的NPM主模件均进入故障模式，错误代码为2、5红灯，并且2号PCU柜内的一块NIS11模件上的所有16个LED均红闪，表明输入到该NIS11子模件的两个控制环均断路。此时，如果拔出上述有问题的NIS子模件，再复位任一个NPM模件，则该NPM模件工作正常，如果不拔出上述有问题的NIS模件，复位任一个故障的NPM模件，则该NPM模件依旧进入故障模式，故障代码依旧。

将上述有问题的NIS11模件和PCU7内一个NIS11模件交换，故障依旧。用一个新的 NIS11 模件替代上述有问题的 NIS11 模件，则故障消失。上述故障是由于该 NIS11 子模件损坏所致，即更换了该模件。

二、原因分析

（1）本次故障为 NIS11 模件损坏造成。按 SYMPHONY DCS 控制系统的设计，如果一个 NIS11 子模件故障，则该 NIS11 子模件以及对应的 NPM 模件均进入故障模式，与该 NIS11 子模件相联的 TCL 端子板将两个控制环自动旁路，同时处于后备模式的 NIS/NPM 模件将接替上述故障的 NIS/NPM 的工作。但本次事件中 NIS11 子模件故障后，未能将对应端子板上连接的两个控制环旁路，显然不正常。这种故障属于极罕见现象。至于 NIS11 模件上的哪个部件损坏会导致上述现象，有待于进一步分析。

（2）关于 SERVER25 有时也出现显示数据为紫色、大约 2～3min 后自动恢复的现象。20 日检查时初步怀疑为 7 号 PCU 上有一段 Control Way 与该 SERVER 的 ICI 通信模件相连所致，为了验证上述怀疑，当时拔掉该段 Control Way 观察。11 月 3 日，4 号机 DCS 的 3 台计算机参数再次出现坏质量，约 1min 后自动恢复（从此可以否定当初的怀疑）。故障原因尚待分析查找，目前初步怀疑 SERVER 的 ICI 通信模件有问题，11 月 5 日，将 SERVER25 与工程师站的 ICI（ICT＋NIS）模件进行了对调，待继续观察。

三、防范措施

（1）在每台机组的 SERVER 上增加中心环节点的标签，与其他节点的标签一样，将他们的报警级别设置为带音响的最高级。

（2）加强对 PCU 模件柜的巡检工作，每天巡检机组时必须观察 PCU 模件柜中主要模件的状态。

（3）在近期利用停机间隙，对所有机组的 DCS 机柜和操作员站进行一次彻底的清灰工作。

（4）制订出 Symphony 系统的定期工作和日常维护导则，并对运行人员进行相关培训，重点进行 DCS 系统本身故障（软件、硬件）报警的判别及处理，即出现哪些（级别）报警时需立即停机处理、哪些（级别）可待检修到场处理等。

（5）对于 NIS 模件的故障原因，要求制造厂尽快找出故障原因并提出改进措施。

（6）DCS 通信系统故障后，机组的操作采用应急方案。

第七章 其他异常及事故

[案例72] 雷雨天气导致线路和辅机运行异常

一、事件经过

(1) 2007年7月29日，当晚下暴雨，3台机组停机备用状态；06∶13，正在运行的1、2、3、5号空气压缩机中3台（2、3、5号）同时跳闸，同时DCS中出现“3号机TCS电源故障”“1号机PCS电源故障”“3号燃气轮机点火装置电源故障”等几十个厂用电源故障报警，1、2、3号机级6kV备用电源自投装置位置不正常及备自投闭锁等报警。06∶13，2号主变压器冷却器电源缺相，冷却器全停，就地检查发现冷却器两路电源均未跳闸，主变压器运行正常，油温及绕组温度缓慢上升。06∶40，昭风乙线B相差动、距离Ⅰ段保护同时动作跳闸，重合成功。07∶30，3、5号空气压缩机再次同时跳闸，就地复位后启动正常。07∶47，2号主变压器跳闸，备用电源自投成功。

(2) 2008年6月28日，当晚下暴雨，08∶24，昭风甲、乙线路B相跳闸后，重合闸动作成功。08∶24，受昭风甲乙线跳闸影响，DCS上发出“6kV 2A SECT BZT BLOCKED”“6kV 1A SECT BZT BLOCKED”“6kV 3A SECT BZT BLOCKED”等报警，就地检查、复位后恢复正常。启动锅炉跳闸，水浴炉跳闸，综合水泵跳闸。

(3) 2010年7月28日16∶53，因千秋甲、乙线跳闸导致220kV母线电压波动，3台机组负荷均为320MW，最低降到300MW，中调要求退出AGC，降负荷至200MW，3台机组均出现如下报警：

1) 8号轴承振动变化率高报警，1号机组8号轴承振动最大值为85μm，2号机组为98μm，3号机组为107μm。

2) 机组6kV母线BZT闭锁，BZT开关位置异常报警，就地检查无异常后DCS上复归正常。

3) IGV及燃烧器旁路阀伺服阀模块偏差大报警，随即复归。

18∶30，接中调令，千秋甲、乙线恢复正常，机组升负荷至240MW，投入AGC。调度告知千秋甲、乙线跳闸原因是雷击。

(4) 2010年7月29日17∶59，网控后台机出现昭风甲、乙线，昭千甲、乙线，昭炼线主2保护启动及昭风甲、乙线，昭千甲、乙线B相失灵保护启动报警，随即复归，就地检查发现昭风甲、乙线，昭千甲、乙线B相过流报警灯亮，复归后显示正常（期间DCS中只有3台机组发电机-变压器组故障录波器启动报警，但3台机组有功、无功、8号轴承振动等均有一定变化，后恢复正常）；18∶20，询问中调，告知是由于天气恶劣，导致风岭线跳闸所致。

二、原因分析

由于电厂及周边地区出现极端恶劣天气，如雷雨，大风，台风等，造成出线线路或周边相关线路跳闸、重合闸等，其根本原因是线路保护动作或重合闸等对电厂 220kV、6kV、380V 各母线电压造成瞬时波动，尤其是电压瞬时降低，导致运行中的部分线路和电动机跳闸。

三、防范措施

（1）此类情况自投产以来已多次出现，因此，在雷雨天气要特别加强对线路及运行设备的监控。一般来说，由于雷雨天气导致线路重合闸动作或线路跳闸后，伴随出现的情况有 6kV 母线出现 TV 断线报警（随即自动复归），380V 母线出现 TV 断线报警（随即自动复归），UPS、110V 直流、220V 直流等系统出现故障报警（随即自动复归），部分有双电源切换装置的热力配电段、MCC 段等可能会进行电源切换，部分运行中的 380V 电动机，如控制油泵、工业生活水泵、循环水泵、冷却水升压泵等电动机会自动停运，主变压器冷却器出现故障报警，启动炉控制系统出现故障报警，运行中启动炉熄火，运行的水浴炉跳闸等。

（2）上述报警除了需在 DCS 中检查、确认，进行相关备用泵的启动，检查及系统操作外，各类电气报警还需至现场检查，进行相关操作。

[案例 73] 燃气调压站控制室发生气体爆炸

一、事故经过

某燃气电厂共有两台燃气-蒸汽联合循环发电机组、容量为 2×350MW。事故前两台机组各运行参数正常，辅机设备运行正常，AGC 投入。运行人员在监盘过程中突然听到剧烈爆炸声，立即到现场检查，发现燃气调压站控制室发生气体爆炸，造成卫生清扫人员 2 人死亡、1 人受伤，调压力建筑物及室内设备严重损坏。

二、原因分析

（1）据了解，运行人员在进行天然气与氮气置换后未关阀门，操作人员即离开现场，造成天然气泄漏，调压站控制室内天然气大量聚集，给事故的发生留下隐患。

（2）卫生清扫人员进入调压站，作业过程中产生火花，引起天然气爆炸。

三、防范措施

（1）规范工作流程，认真执行“两票三制”，对设备的检查、操作到位；提高运行值班员的运行经验和事故处理能力；对存在隐患的设备、异常工况先消除，再进行下一步工作。

（2）对可能造成燃气泄漏并聚集的场所，安装气体检测仪，加强对检测装置的定期校验。当检测仪发生报警后，必须由专业人员进行检查和处置。

（3）各生产部门加强安全教育，提高员工安全意识和责任心，在运行调节及现场操作中加强监护、确保安全。

（4）运行值班人员加强对重要参数监视，及时发现异常情况并及时采取有效地防范措施。在设备巡检中要仔细、认真，对与燃气相关的系统要重点进行检查。

（5）加强对新员工的技能培训，值长、单元长加强对新员工运行操作的监控和指导，对各种异常现象（特别是各类报警）应进行仔细分析，及时处理。